Ab Klasse 8

Friedhelm Heitmann

Lineare Gleichungssysteme

... mit zwei Variablen

Step by Step

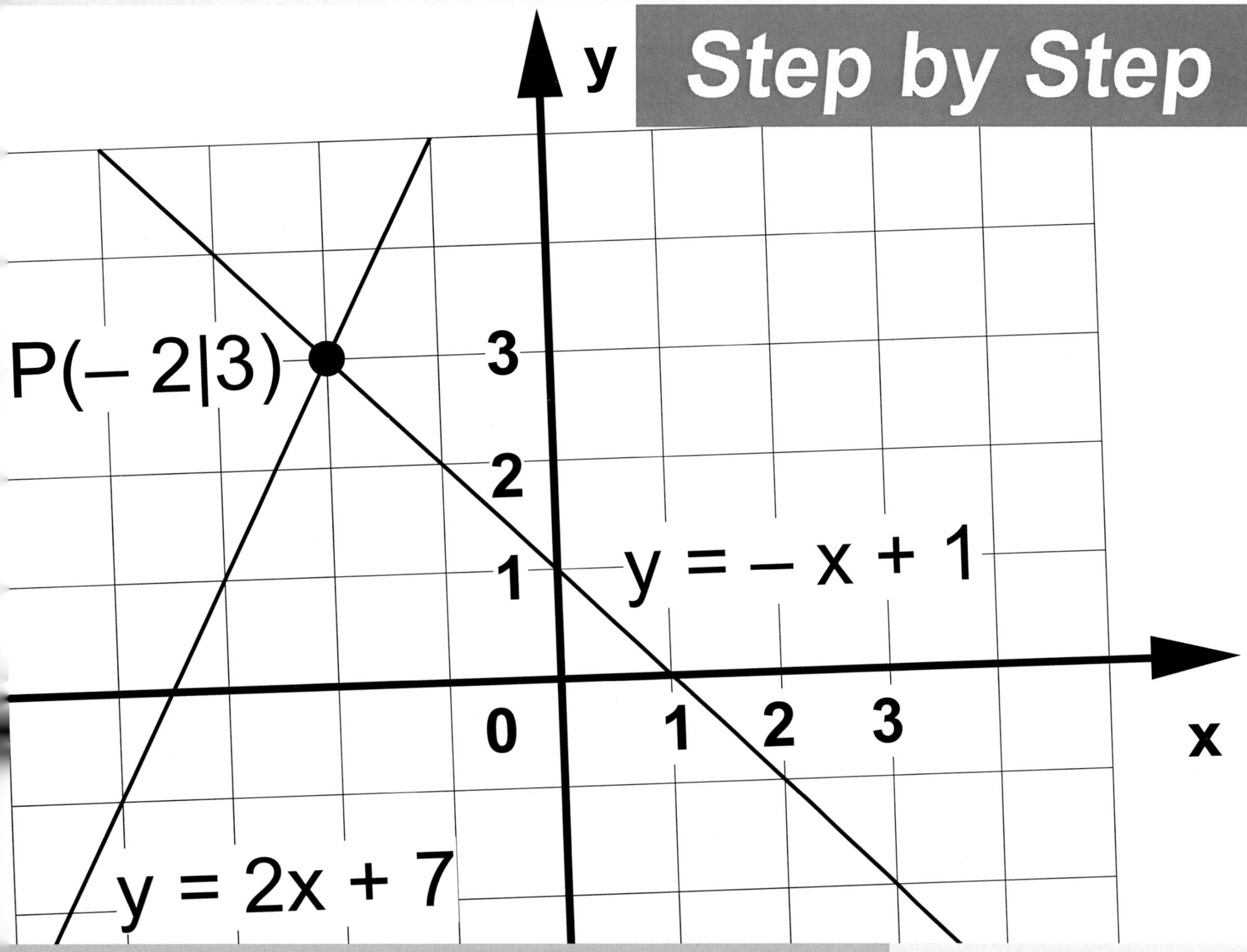

$P(-2|3)$

$y = -x + 1$

$y = 2x + 7$

➡ kleinschrittig erklärt

➡ leicht verständlich

Lineare Gleichungssysteme mit 2 Variablen

Step by Step

2. Auflage 2026

© Kohl-Verlag, Kerpen 2022
Alle Rechte vorbehalten.

Inhalt: Friedhelm Heitmann
Umschlagbild: © Albachiaraa - AdobeStock.com
Redaktion: Kohl-Verlag
Grafik & Satz: Kohl-Verlag
Druck: Druckhaus Flock, Köln

Bestell-Nr. 12 812

ISBN: 978-3-98558-207-5

Bildquellen © AdobeStock.com:

S. 4: Style-o-Mat; **S. 5:** yusak_p; **S. 6:** Steve Young, Style-o-Mat, nakigitsune-sama; **S. 8/9:** Steve Young; **S. 11:** peopleimages.com; **S. 12:** Style-o-Mat, Steve Young; **S. 13:** kudosstudio, Steve Young; **S. 14:** LuckySoul, heavypong, comotomo; **S. 14:** Steve Young, Africa Studio; **S. 16:** JackF; **S. 17:** NLshop; **S. 18:** Boyko.Pictures; **S. 19:** Irina Strelnikova; **S. 20:** selma, wowomnom, yusak_p, Steve Young, Diamond Heart; **S. 22:** Steve Young, Oksana, Style-o-Mat; **S. 24:** Rawpixel-01.com, wowomnom, yusak_p, Steve Young; **S. 26:** Steve Young, Oksana, Hollygraphic;

Das vorliegende Werk und seine Teile sind urheberrechtlich geschützt. Jede Nutzung in anderen als den gesetzlich zugelassenen Fällen bedarf der vorherigen schriftlichen Einwilligung des Verlages. Hinweis zu § 52a UrhG: Weder das Werk noch seine Teile dürfen ohne eine solche Einwilligung eingescannt und in ein Netzwerk oder das Internet eingestellt werden. Dies gilt auch für Intranets von Schulen und sonstigen Bildungseinrichtungen.

Kontakt: Kohl-Verlag, An der Brennerei 37-45, 50170 Kerpen
Tel: +49 2275 331610, Mail: info@kohlverlag.de

Der vorliegende Band ist eine Print-Einzellizenz

Sie wollen unsere Kopiervorlagen auch digital nutzen? Kein Problem – fast das gesamte KOHL-Sortiment ist auch sofort als PDF-Download erhältlich! Wir haben verschiedene Lizenzmodelle zur Auswahl:

	Print-Version	PDF-Einzellizenz	PDF-Schullizenz	Kombipaket Print & PDF-Einzellizenz	Kombipaket Print & PDF-Schullizenz
Unbefristete Nutzung der Materialien	x	x	x	x	x
Vervielfältigung, Weitergabe und Einsatz der Materialien im eigenen Unterricht	x	x	x	x	x
Nutzung der Materialien durch alle Lehrkräfte des Kollegiums an der lizensierten Schule			x		x
Einstellen des Materials im Intranet oder Schulserver der Institution			x		x

Die erweiterten Lizenzmodelle zu diesem Titel sind jederzeit im Online-Shop unter www.kohlverlag.de erhältlich.

Inhalt

Vorwort

Liebe Kollegen,

nach der Einführung in die Thematik befasst sich der Band schwerpunktmäßig mit 4 verschiedenen Verfahren zur Lösung von linearen Gleichungssystemen mit 2 Variablen.

Diese sind das Gleichsetz(ungs)verfahren, das Einsetz(ungs)verfahren, das Additionsverfahren und das zeichnerische Verfahren. Gesondert geht es ferner um das Rechnen mit Klammern und Brüchen, die in Gleichungen auftreten können. Ein weiterer Schwerpunkt im Band sind Textaufgaben, wobei Gleichungen aufgestellt und gelöst werden müssen. Zum Schluss werden im Band noch zwei Tests sowie zwei Lernerfolgskontrollen bereitgehalten.

Viel Erfolg beim Einsatz der Materialien wünschen der Kohl-Verlag sowie

Friedhelm Heitmann

Einführung in lineare Gleichungssysteme mit 2 Variablen

In linearen Gleichungen und Gleichungssystemen kommen als Rechenoperationen nur Grundrechenarten (+, –, •, :) vor, keine höheren Rechenarten wie u.a. Potenzen (z.B. 6^2) oder Wurzeln (z.B. $\sqrt{64}$).

Lineare Gleichungen mit 1 Variablen (= Platzhalter/Unbekannte) bestehen jeweils aus 1 Gleichung. Aus 2 Gleichungen setzen sich lineare Gleichungssysteme mit 2 Variablen zusammen. Gewöhnlich benutzt man für die beiden Variablen die Buchstaben x und y. Die beiden Gleichungen und damit auch ihre Variablen stehen im Zusammenhang miteinander. Deshalb spricht man von einem Gleichungssystem. Allgemein gesagt ist ein System[1] ein in sich geschlossenes, gegliedertes Ganzes.

Um die Werte der beiden Variablen eines linearen Gleichungssystems zu berechnen, gilt es, aus 2 Gleichungen 1 Gleichung zu machen. Diese eine Gleichung darf nur noch 1 Variable enthalten. Ist der Wert der einen Variablen berechnet, wird der Wert der anderen Variablen ausgerechnet. Schließlich überprüft man durch (sicherheitshalber) 2 Proben, ob die beiden berechneten Werte tatsächlich die Lösungen des Gleichungssystems sind.

Aufgabe 1: *Welche der folgenden Aussagen sind richtig, welche falsch? Kreuze an.*

		Richtig	Falsch
a)	Zu den Rechenoperationen gehören u.a. die Addition, Subtraktion, Multiplikation und Division.		
b)	In linearen Gleichungen und Gleichungssystemen sind auch Potenzen und Wurzeln enthalten.		
c)	Das mathematische Fachwort für Platzhalter und Unbekannte heißt Variable.		
d)	In linearen Gleichungssystemen mit 2 Variablen verwendet man immer die beiden Buchstaben x und y.		
e)	Lineare Gleichungen und Gleichungssysteme bestehen jeweils aus 2 Gleichungen.		
f)	Ein lineares Gleichungssystem mit 2 Variablen bildet eine Einheit.		
g)	Zur Berechnung des Wertes einer Variablen ist es erforderlich, dass in der Gleichung nur noch diese Variable vorkommt.		
h)	Nach der Berechnung der beiden Variablen reicht in jedem Fall eine Probe aus, eine zweite Probe empfiehlt sich nicht.		

Aufgabe 2: *Verbessere nun die Sätze, die falsch sind.*

____

____

____

____

[1] systema (grie.) = Gebilde

Lineare Gleichungssysteme mit 2 Variablen

Rechnen mit positiven und negativen Zahlen

Umformung von Gleichungen und Behandlung von Vorzeichen (+/–) beim Rechnen

Gleichungen sind wahr (= richtig), wenn der jeweilige Wert der linken Seite dem Wert der rechten Seite entspricht. Mit Balkenwaagen lassen sich Gleichungen vergleichen. Deshalb kann man auch sagen: Wahr (= richtig) ist eine Gleichung, solange sich die linke Seite der Gleichung mit der rechten Seite im „Gleichgewicht“ befindet.

Dieses „Gleichgewicht“ gilt es beim Umformen (= Auflösen) der Gleichungen stets beizubehalten. Das Umformen der Gleichungen dient dazu, den Wert von Variablen zu ermitteln. Beim Umformen einer Gleichung muss unbedingt <u>auf beiden Seiten jeweils dasselbe</u> getan werden.

Die gesamte linke Seite einer Gleichung kann mit ihrer ganzen rechten Seite getauscht werden (= Seitentausch). Auch einzelne Glieder (= Teile) einer Gleichung lassen sich von einer auf die andere Seite bringen. Dafür ist jeweils die umgekehrte (= entgegengesetzte) Rechenoperation erforderlich, z.B. – 5 statt + 5 oder : 3 statt • 3.

Am Ende der Berechnung jeder Variablen sollte es so sein: Auf der linken Seite der Gleichung steht die Variable, auf der rechten Seite ihr Wert. Beispiel: <u>y = 9</u>

Dabei ist es üblich, die letzte Zeile der Gleichung zu unterstreichen, wenn die Richtigkeit des Wertes durch Proben bestätigt worden ist. Proben werden durchgeführt, indem die berechneten Werte der beiden Variablen in die 2 Ausgangsgleichungen eingesetzt werden.

<u>**Aufgabe**</u>: *Schreibe in kurzen, eigenen Sätzen auf, was du vom oberen Text verstanden hast.*

Du solltest, ja musst Folgendes wissen („<“ bedeutet „kleiner“; „>“ bedeutet „größer“)

Addition:	**Beispiele**:	**Multiplikation**:	**Beispiele**:
(+ a) + (+ b) = + (a + b) (– a) + (– b) = – (a + b) Für a > b gilt: (+ a) + (– b) = + (a – b) Für b > a gilt: (+ a) + (– b) = – (b – a)	(+ 9) + (+ 7) = 16 (– 9) + (– 7) = – 16 (+ 9) + (– 7) = 2 (+ 7) + (– 9) = – 2	(+ a) • (+ b) = + (a • b) (– a) • (– b) = + (a • b) (+ a) • (– b) = – (a • b) (– a) • (+ b) = – (a • b)	(+ 9) • (+ 7) = 63 (– 9) • (– 7) = 63 (+ 9) • (– 7) = – 63 (– 9) • (+ 7) = – 63
Subtraktion:	**Beispiele**:	**Division**:	**Beispiele**:
(+ a) – (– b) = + (a + b) (– a) – (+ b) = – (a + b) Für a > b gilt: (+ a) – (+ b) = + (a – b) Für b > a gilt: (+ a) – (+ b) = – (b – a)	(+ 9) – (– 7) = 16 (– 9) – (+ 7) = – 16 (+ 9) – (+ 7) = 2 (+ 7) – (+ 9) = – 2	(+a) : (+b) = + (a : b) (– a) : (– b) = + (a : b) (+a) : (– b) = – (a : b) (– a) : (+b) = – (a : b)	(+ 63) : (+ 7) = 9 (– 63) : (– 7) = 9 (+ 63) : (– 7) = – 9 (– 63) : (+ 7) = – 9

<u>Beachte auch</u>: Die Punktrechnung (= Multiplikation, Division) hat Vorrang vor der Strichrechnung (= Addition, Subtraktion).

Lineare Gleichungssysteme mit 2 Variablen
Step by Step – Bestell-Nr. 12 812
KOHL VERLAG

Vorbemerkungen zur Bestimmung der Werte von Variablen

Aufgabe: *Setze die folgenden 10 Wörter in den anschließenden 10 Sätzen an der jeweils richtigen Stelle ein. Die Kästen mit lateinischen Wörtern unten auf der Seite können dir dabei helfen.*

Additionsverfahren – Einsetz(ungs)verfahren – Gitter – Gleichsetz(ungs)verfahren – Komparationsverfahren – Koordinatensystem – Lösungen – Methoden – Schnittpunkt – Substitutionsverfahren – Wert – Verfahren – Zusammenzählungsverfahren

1. In linearen Gleichungssystemen mit 2 Variablen gibt es jeweils 2 ________________.
2. Die eine Lösung ist der __________________________ für die eine Variable (z. B. x), die andere Lösung der Wert für die andere Variable (z. B. y).
3. Zur Berechnung der Werte kann man verschiedene __________________________ anwenden, auch Verfahren genannt.
4. 3 unterschiedliche rechnerische __________________________ sind üblich.
5. Das eine Verfahren bezeichnet man als __________________________.
6. Für dieses Verfahren wird auch das Fremdwort __________________________ benutzt.
7. Eine weitere Möglichkeit ist das __________________________.
8. Das Fremdwort dafür heißt __________________________.
9. Zudem existiert das __________________________.
10. Dieses nennt man umgangssprachlich auch __________________________.
11. Darüberhinaus lassen sich lineare Gleichungssysteme mit 2 Variablen im __________________________ zeichnerisch (= graphisch) lösen.
12. Dabei muss man sehr sorgfältig auf einem quadratischen __________________________ zeichnen.
13. Nur dann kann man auch das Ergebnis am __________________________ der beiden Geraden ablesen.

comparare (lat.) = gleichstellen, vergleichend betrachten

substituere (lat.) = an die Stelle setzen, einsetzen

addere (lat.) = zusammenzählen, hinzufügen

graphein (grie.) = schreiben, zeichnen

Das Gleichsetz(ungs)verfahren (= Komparationsverfahren)

Dieses Verfahren bietet sich dann an: Beide Gleichungen sind schon nach derselben Variablen mit dem gleichen Koeffizienten aufgelöst, d.h. die Variable (mit Koeffizient[1]) steht allein auf einer Seite.

Die andere Möglichkeit: Die zwei Gleichungen lassen sich einfach und schnell nach derselben Variablen mit dem gleichen Koeffizienten auflösen. Wenn beide Gleichungen nach derselben Variablen mit dem gleichen Koeffizienten aufgelöst sind, werden die Terme, die die andere Variable enthalten, gleichgesetzt. Daher kommt der Name des Verfahrens.

Beispiel:

I $y = 2x - 7$
II $y = 21 - 5x$

Gleichsetzung I = II:

$2x - 7 = 21 - 5x$

Nach der Gleichsetzung wird der Wert der Variablen ausgerechnet:

$2x - 7 = 21 - 5x \quad | + 5x$
$2x + 5x - 7 = 21 - 5x + 5x$
$7x - 7 = 21 \quad | + 7$
$7x - 7 + 7 = 21 + 7$
$7x = 28 \quad | : 7$
$7x : 7 = 28 : 7$
$\underline{x = 4}$

Zur Berechnung des Wertes der zweiten Variablen wird der zuerst berechnete Wert der Variablen in eine der beiden nach der zweiten Variablen (mit Koeffizienten) aufgelösten Gleichungen eingesetzt.

x = 4 eingesetzt in I:

$y = 2 \cdot 4 - 7$
$y = 8 - 7$
$\underline{y = 1}$

Ist auch der Wert der zweiten Variablen berechnet, empfehlen sich zur Kontrolle zwei Proben. Dabei werden die ausgerechneten Werte der beiden Variablen zuerst in die 1. und danach in die 2. Ausgangsgleichung eingesetzt:

Probe I: $1 = 2 \cdot 4 - 7$
$1 = 8 - 7$
$1 = 1$

Probe II: $1 = 21 - 5 \cdot 4$
$1 = 21 - 20$
$1 = 1$

Wird die Richtigkeit der 1. und 2. Ausgangsgleichung durch die eingesetzten Werte bestätigt, so sind die berechneten Werte der Variablen die zwei Lösungen des Gleichungssystems.

In Kürze die 4 Schritte des Gleichsetz(ungs)verfahrens:

1. Sofern noch nicht geschehen, Auflösung beider Gleichungen nach derselben Variablen mit dem gleichen Koeffizienten;
2. Gleichsetzung der Terme und Berechnung des Wertes der 1. Variablen;
3. Berechnung des Wertes der 2. Variablen durch Einsetzung des zuerst berechneten Wertes in eine möglichst einfache (bereits nach der 2. Variablen aufgelöste) Ausgangs- oder umgeformte Gleichung;
4. Durchführung von 2 Proben durch Einsetzung der beiden berechneten Werte in die zwei Ausgangsgleichungen und Prüfung auf Gleichheit.

Aufgaben: *Berechne jeweils die Werte der beiden Variablen mit dem Gleichsetzungsverfahren und führe zur Kontrolle die zwei Proben durch.*

1. I $y = 3x - 3$ II $y = 18 - 4x$	**4.** I $3y - 22 = 5x$ II $3y - 20 = 4x$	**6.** I $2y + 44 = 5x$ II $32 + 2y = 3x$
2. I $2x = 3y - 1$ II $2x = y + 9$	**5.** I $y = 7x - 33$ II $y = 3x - 13$	**7.** I $4x - 11 = 9y$ II $8y + 8 = 4x$
3. I $y + 7 = 5x$ II $y - 2 = 2x$		

[1] Koeffizient = Beizahl, Vorzahl; steht vor der Variablen; z.B.: 5x; 5 = Koeffizient, x = Variable

Lineare Gleichungssysteme mit 2 Variablen Step by Step – Bestell-Nr. 12 812
KOHL VERLAG

Das Einsetz(ungs)verfahren (= Substitutionsverfahren)

Das Verfahren empfiehlt sich in diesen beiden Fällen: Eine der beiden Gleichungen ist bereits nach einer Variablen aufgelöst, d.h. steht isoliert (= allein) auf einer Seite der Gleichung. Oder eine der zwei Gleichungen lässt sich einfach und schnell nach einer Variablen auflösen. Ist eine der zwei Gleichungen nach einer Variablen aufgelöst, wird der Term (= sinnvoller Rechenausdruck) für diese Variable in die andere Gleichung eingesetzt. Dieses <u>Einsetzen</u> erklärt, warum das ganze Verfahren so heißt.

<u>Beispiel</u>:

I $\quad x = 4y - 10$
II $\quad 3x + 2y = 12$

Einsetzung I in II:
→ $4y - 10$ wird für x in II eingesetzt:
II $\quad 3 \cdot (4y - 10) + 2y = 12$

Dadurch gibt es in der Gleichung nur noch eine Variable, deren Wert nun berechnet wird:

$$\begin{aligned} \text{II} \quad 12y - 30 + 2y &= 12 \\ 14y - 30 &= 12 \quad | + 30 \\ 14y - 30 + 30 &= 12 + 30 \\ 14y &= 42 \quad | : 14 \\ 14y : 14 &= 42 : 14 \\ \underline{y} &\underline{= 3} \end{aligned}$$

Zur Berechnung des Wertes der anderen Variablen setzt man den zuerst ausgerechneten Wert der Variablen in eine der beiden Ausgangsgleichungen ein.

y = 3 eingesetzt in I:

$$\begin{aligned} x &= 4 \cdot 3 - 10 \\ x &= 12 - 10 \\ \underline{x} &\underline{= 2} \end{aligned}$$

Zur Kontrolle führen wir 2 Proben durch. Dabei setzen wir die berechneten Werte der beiden Variablen zuerst in die 1. Ausgangsgleichung und anschließend in die 2. Ausgangsgleichung ein. Die Proben dienen bekanntlich dazu festzustellen, ob die zwei ausgerechneten Werte der Variablen tatsächlich die Lösungen des linearen Gleichungssystems sind:

Probe I:
$$\begin{aligned} 2 &= 4 \cdot 3 - 10 \\ 2 &= 12 - 10 \\ 2 &= 2 \end{aligned}$$

Probe II:
$$\begin{aligned} 3 \cdot 2 + 2 \cdot 3 &= 12 \\ 6 + 6 &= 12 \\ 12 &= 12 \end{aligned}$$

<u>In Kürze die 4 Schritte des Einsetz(ungs)verfahrens:</u>

1. Sofern noch nicht vorhanden, Auflösung einer Gleichung nach einer der Variablen (z.B. x oder y, je nachdem wie es schneller geht);
2. Einsetzung des für diese Variable erhaltenen Terms in die andere Gleichung und Berechnung des Wertes der 1. Variablen;
3. Berechnung des Wertes der 2. Variablen durch Einsetzung des zuerst berechneten Wertes in eine möglichst einfache (bereits nach der 2. Variablen aufgelöste) Ausgangs- oder umgeformte Gleichung;
4. Durchführung von 2 Proben durch Einsetzung der beiden berechneten Werte in die zwei Ausgangsgleichungen und Prüfung auf Gleichheit.

<u>Aufgaben</u>: *Berechne jeweils die Werte der beiden Variablen mit dem Einsetzungsverfahren und führe zur Kontrolle die zwei Proben durch.*

1. I $x = 3y - 1$ II $4y + 2x = 18$	**4.** I $8y = 2x - 34$ II $3x = y + 18$	**6.** I $6x = y - 22$ II $3y = 7x + 33$
2. I $y = x - 3$ II $y + 30 = 4x$	**5.** I $5y - x = 1$ II $4y + 8 = 3x$	**7.** I $8x + 39 = 5y$ II $-9y = 53 + x$
3. I $7y + 4 = 3x$ II $x + 4 = 5y$		

Das Additionsverfahren (= Zusammenzählungsverfahren)

Das Additionsverfahren eignet sich vor allem unter folgenden Gegebenheiten:

a) In der einen Gleichung befindet sich eine Variable mit einem positiven Koeffizienten (z.B. 2x), in der anderen Gleichung befindet sich die gleiche Variable mit demselben Koeffizienten, allerdings negativ (z.B. – 2x).

b) Durch einfache Multiplikation(en) wird der Zustand a) erreicht.

<u>Beispiel</u>:

I	$2x + 3y = 21$	
II	$x + 4y = 23$	$\mid \cdot (-2)$
I	$2x + 3y = 21$	
II'	$-2x - 8y = -46$	

Nun <u>addieren</u> wir, was in beiden Gleichungen in einer Spalte steht. Dies erklärt die Bezeichnung Additionsverfahren. Durch das Addieren fällt eine Variable weg:

I	$2x + 3y = 21$
II'	$-2x - 8y = -46$
I+II'	$0 - 5y = -25$

Jetzt berechnen wir die erste Variable:

$$-5y = -25 \quad \mid :(-5)$$

$(-) : (-) = (+)$ $\quad \underline{y = 5}$

Zur Berechnung des Wertes der zweiten Variablen setzen wir den zuerst berechneten Wert in eine der beiden Ausgangsgleichungen ein:

y = 5 eingesetzt in II:

$$x + 4 \cdot 5 = 23$$
$$x + 20 = 23 \quad \mid -20$$
$$x + 20 - 20 = 23 - 20$$
$$\underline{x = 3}$$

Um festzustellen, ob die beiden ausgerechneten Werte tatsächlich die Lösungen des Gleichungssystems sind, führen wir zwei Proben durch. Dies geschieht, indem wir die beiden ausgerechneten Werte zunächst in die 1. Ausgangsgleichung und dann in die 2. Ausgangsgleichung einsetzen.

Probe I: $2 \cdot 3 + 3 \cdot 5 = 21$
$6 + 15 = 21$
$21 = 21$

Probe II: $3 + 4 \cdot 5 = 23$
$3 + 20 = 23$
$23 = 23$

<u>In Kürze die 4 Schritte des Additionsverfahrens</u>:

1. Sofern noch nicht vorhanden, Umformung einer bzw. beider Gleichungen durch Multiplikation(en), sodass sich in beiden Gleichungen eine Variable mit demselben Koeffizienten befindet, einmal positiv, einmal negativ;
2. Addition beider Gleichungen, wobei eine Variable wegfällt, anschließend Berechnung des Wertes der 1. Variablen;
3. Berechnung des Wertes der 2. Variablen durch Einsetzung des zuerst berechneten Wertes in eine möglichst einfache (bereits nach der 2. Variablen aufgelöste) Ausgangs- oder umgeformte Gleichung;
4. Durchführung von 2 Proben durch Einsetzung der beiden berechneten Werte in die zwei Ausgangsgleichungen und Prüfung auf Gleichheit.

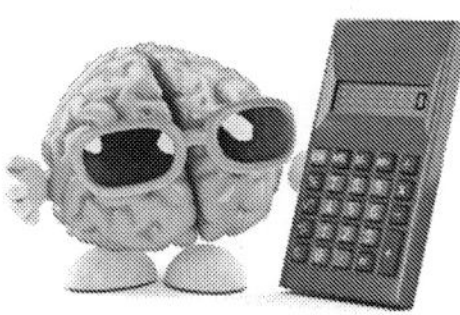

<u>Aufgaben</u>: *Berechne jeweils die Werte der beiden Variablen mit dem Additionsverfahren und führe zur Kontrolle die zwei Proben durch.*

1.	I	$x + 5y = 16$	**4.**	I	$2y - 15 = 5x$	**6.**	I	$2y + 6 = 3x$
	II	$3x + 2y = 22$		II	$3y - 18 = 3x$		II	$3y + 9 = 4x$
2.	I	$3x + 2y = 20$	**5.**	I	$3x = 4y - 10$	**7.**	I	$1 + 7y = 8x$
	II	$x + 2y = 8$		II	$2x = 4y - 12$		II	$39 + 9y = 4x$
3.	I	$x - 3y = 3$						
	II	$2x - 5y = 6$						

Das zeichnerische (= graphische) Verfahren zum Lösen von linearen Gleichungssystemen mit 2 Variablen

Die Gleichungen des linearen Gleichungssystems mit 2 Variablen sind als Funktionsgleichungen[1] zu verstehen. Sofern noch nicht geschehen, müssen die zwei Gleichungen jeweils nach y aufgelöst werden.

Beispiel:

I $\quad y - 2x = 1 \quad | + 2x$

II $\quad y - 4x = -1 \quad | + 4x$

I $\quad y - 2x + 2x = 2x + 1$

$\quad y = 2x + 1$

II $\quad y - 4x + 4x = 4x - 1$

$\quad y = 4x - 1$

Nunmehr werden zu beiden Gleichungen zwei Wertetabellen aufgestellt. Dies bedeutet: Zu ausgewählten x-Werten werden die entsprechenden y-Werte berechnet, wobei die x-Werte in die Gleichungen eingesetzt werden:

I $\quad y = 2x + 1$

x	1	2	0	– 1	– 2
y	3	5	1	– 1	– 3

II $\quad y = 4x - 1$

x	1	2	0	– 1	– 2
y	3	7	– 1	– 5	– 9

Die in der Wertetabelle notierten Punkte weisen jeweils einen x-Wert und einen zugeordneten y-Wert auf.

Für jede Gleichung werden diese Punkte – soweit möglich – in das vorliegende Koordinatensystem eingetragen und per Lineal miteinander verbunden. Es ergeben sich zwei Geraden (= Graphen), die sich schneiden.

Beim zeichnerischen Verfahren gilt es u.a., sehr genau zu zeichnen, damit der Schnittpunkt korrekt abgelesen werden kann.

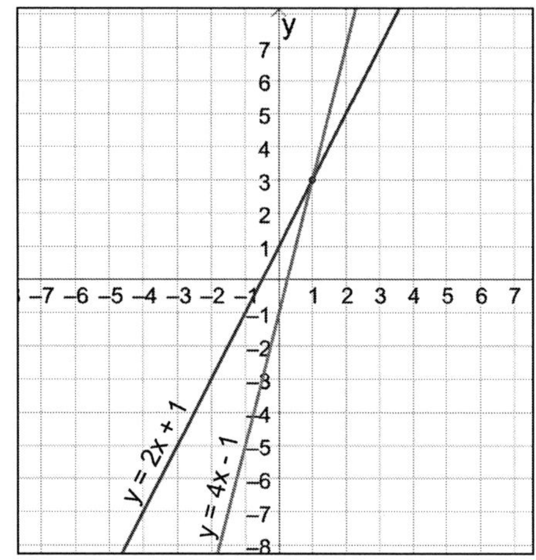

S(1|3); d.h. x = 1; y = 3

Der x-Wert und der y-Wert des Schnittpunktes sind die Lösung der Aufgabe.

Ob der ermittelte x-Wert sowie y-Wert wirklich die Lösungen des linearen Gleichungssystems mit 2 Variablen sind, lässt sich rechnerisch durch 2 Proben überprüfen.

Wir setzen den ermittelten x-Wert sowie y-Wert zunächst in die 1. Ausgangsgleichung, anschließend in die 2. Ausgangsgleichung ein:

Probe I: $\quad 3 - 2 \cdot 1 = 1$

$\quad 3 - 2 = 1$

$\quad 1 = 1$

Probe II: $\quad 3 - 4 \cdot 1 = -1$

$\quad 3 - 4 = -1$

$\quad -1 = -1$

In Kürze die 5 Schritte des zeichnerischen Verfahrens:

1. Sofern noch nicht vorhanden, Auflösung der beiden Gleichungen nach y;
2. Erstellung einer Wertetabelle für jede Funktionsgleichung;
3. Einzeichnen der Punkte der Wertetabellen in das Koordinatensystem, für jede Funktionsgleichung verbinden der eingetragenen Punkte zu einer Geraden (= Graph);
4. Ablesen des Schnittpunktes (x-Wert und y-Wert als Lösung) der zwei Geraden;
5. Rechnerische Durchführung von 2 Proben durch Einsetzung der beiden abgelesenen Werte in die zwei Ausgangsgleichungen und Prüfung auf Gleichheit

[1] Hinweis: In der Mathematik sind Funktionen eindeutige Zuordnungen. Bei einfachen Funktionen ist gewöhnlich jedem x-Wert genau ein y-Wert zugeordnet.

Das zeichnerische (= graphische) Verfahren zum Lösen von linearen Gleichungssystemen mit 2 Variablen

Aufgabe: *Ermittle in den folgenden Aufgaben jeweils die Werte der beiden Variablen zeichnerisch. Führe zur Kontrolle rechnerisch die zwei Proben durch.*

1. I $y = x - 2$

x	− 2	− 1	0	1	2	3
y						

II $y = 2x - 6$

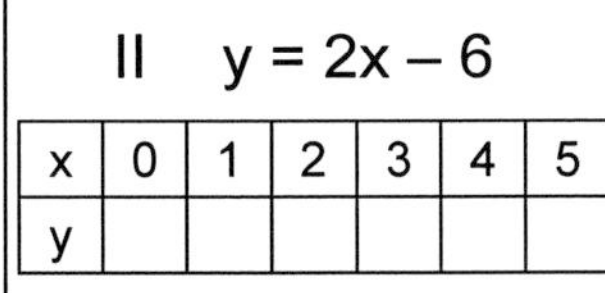

x	0	1	2	3	4	5
y						

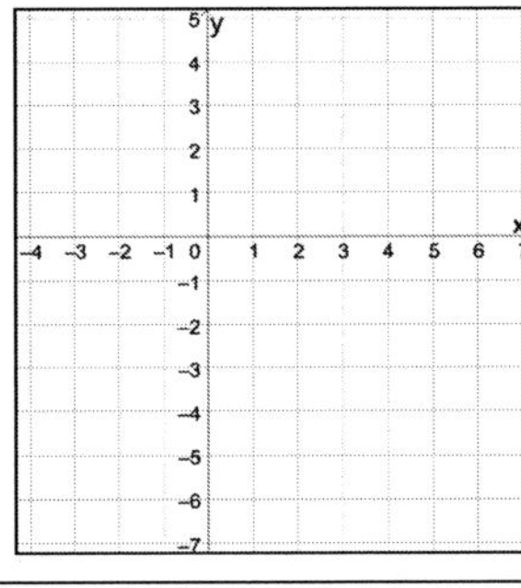

2. I $y = 4x - 7$

x	0	1	2	3
y				

II $y = x + 2$

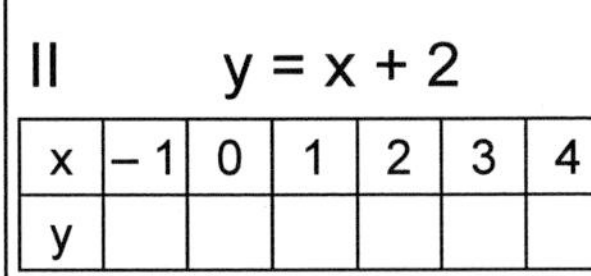

x	− 1	0	1	2	3	4
y						

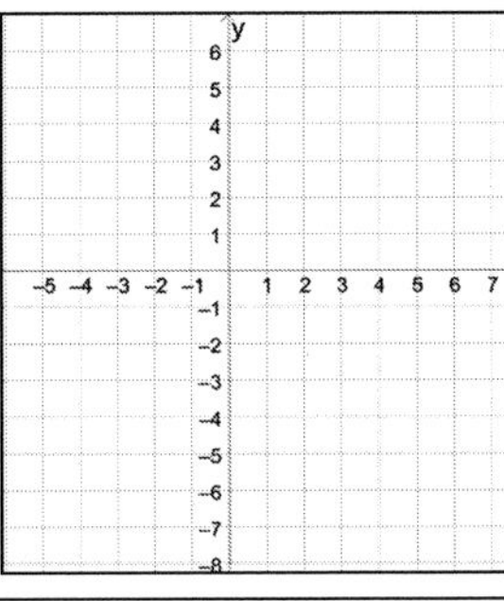

3. I $y - 10 = 3x$

x	− 4	− 3	− 2	− 1	0	1
y						

II $y - 8 = 2x$

x	− 4	− 3	− 2	− 1	0	1
y						

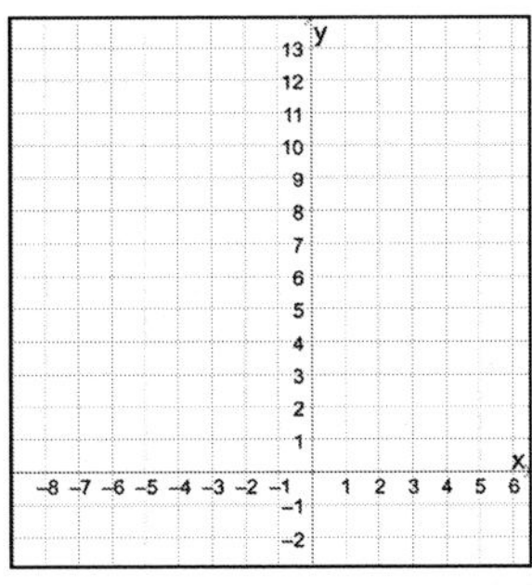

4. I $y - 5x = -9$

x	0	1	2	3
y				

II $y - 7x = -11$

x	0	1	2	3
y				

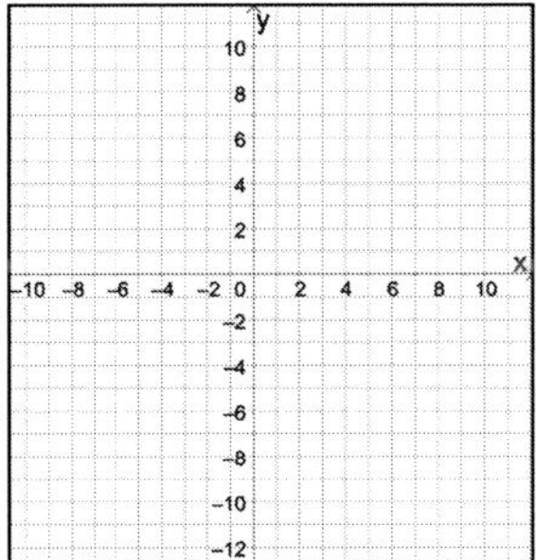

5. I $y - 1 = 3x$

x	− 2	− 1	0	1	2
y					

II $y - 6 = 8x$

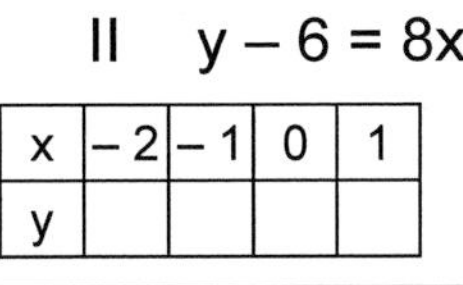

x	− 2	− 1	0	1
y				

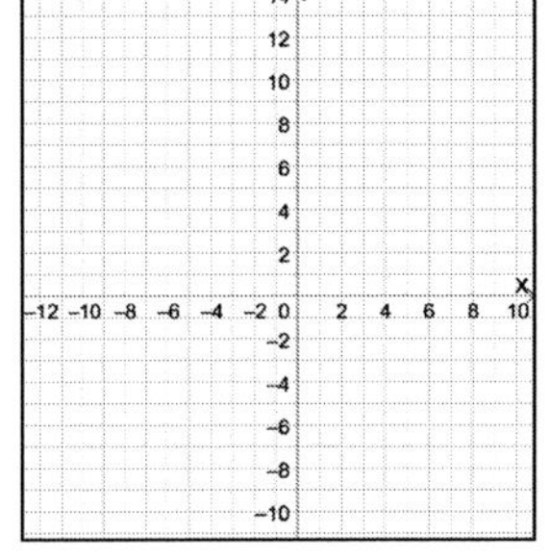

6. I $y - 1 = 2x$

x	− 2	− 1	0	1	2	3
y						

II $y - 1 = -3x$

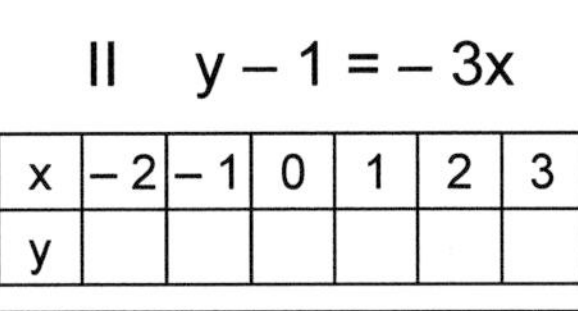

x	− 2	− 1	0	1	2	3
y						

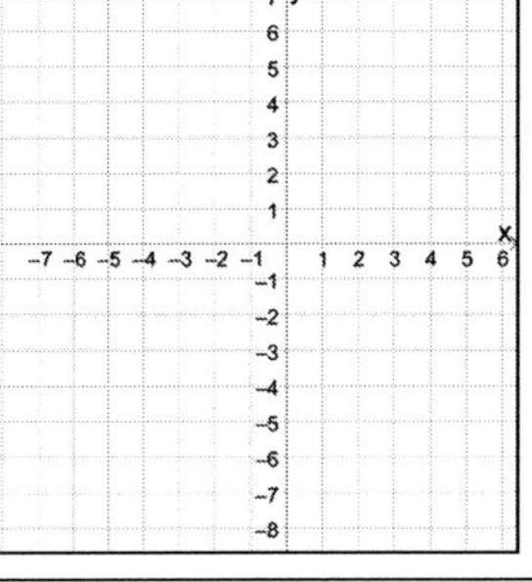

7. I $-2x = y + 5$

x	− 3	− 2	− 1	0	1	2
y						

II $2x = y - 3$

x	− 3	− 2	− 1	0	1	2
y						

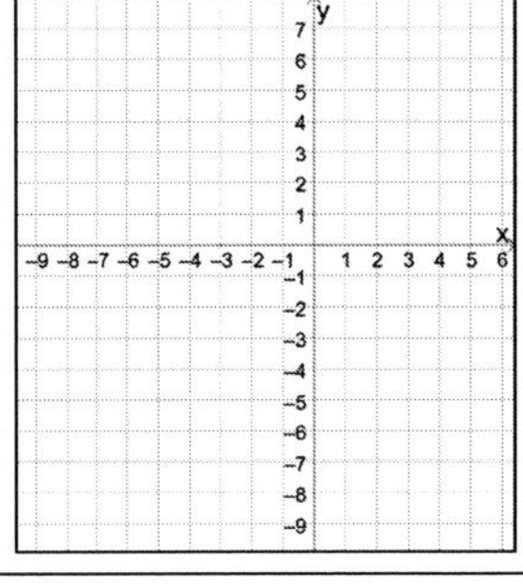

Rechnen mit Klammern

In Gleichungen können Klammern enthalten sein. Die allgemeine Klammerregel besagt: Eingeklammerte Terme müssen stets zuerst berechnet werden.
Es gilt der Merkspruch (= „Eselsbrücke“):

> Punkt(rechnung) vor Strich(rechnung), die Klammer aber sagt: „Zuerst komme ich.“

Mit der Punktrechnung sind die Multiplikation (•) und die Division (:) gemeint, mit der Strichrechnung die Addition (+) sowie die Subtraktion (–).

Man löst Klammern auf, indem man sie ausmultipliziert. Dabei muss jedes Glied der Klammer mit dem Faktor[1] malgenommen werden, der außerhalb der Klammer steht.

Beim Ausmultiplizieren gilt es, die Vorzeichenregeln zu beachten:

> $(+) \cdot (+) = (+)$; $(-) \cdot (-) = (+)$; $(+) \cdot (-) = (-)$; $(-) \cdot (+) = (-)$

<u>Beispiel</u>:

I $2\,(x + 7) = 3y$

Die Klammer wird ausmultipliziert:

$2x + 14 = 3y \quad | \cdot 3$

$6x + 42 = 9y \quad | - 42$

I‘ $6x = 9y - 42$

II $5 \cdot (2y - 10) = 6x$

Die Klammer wird ausmultipliziert:

$10y - 50 = 6x \quad$ | Seitentausch

II‘ $6x = 10y - 50$

Wir wenden jetzt das Gleichsetzungsverfahren an. Auch andere Verfahren lassen sich anwenden.

Gleichsetzung II‘ = I‘:

$10y - 50 = 9y - 42 \quad | - 9y$

$y - 50 = -42 \quad | + 50$

$\underline{y = 8}$

Berechnung des x-Wertes:

y = 8 eingesetzt in II‘:

$6x = 10 \cdot 8 - 50$

$6x = 30 \quad | : 6$

$\underline{x = 5}$

Um festzustellen, ob die beiden ausgerechneten Werte tatsächlich die Lösungen des Gleichungssystems sind, führen wir zwei Proben durch.

Probe I:

$2\,(5 + 7) = 3 \cdot 8$

$2 \cdot 12 = 24$

$24 = 24$

Probe II:

$5\,(2 \cdot 8 - 10) = 6 \cdot 5$

$5\,(16 - 10) = 30$

$5 \cdot 6 = 30$

$30 = 30$

Während man beim Bestimmen der zweiten Variablen durchaus oft besser auf eine bereits umgeformte Gleichung zurückgreifen kann, sollte man bei den Proben unbedingt immer die Ausgangsgleichungen prüfen, weil ja bei jener Umformung schon ein Fehler passiert sein kann.

<u>Aufgaben</u>: *Löse die nachfolgenden Aufgaben, indem du zuerst die Klammern auflöst und dann am besten mit dem Additionsverfahren fortfährst. Führe jeweils auch die Proben durch.*

1. I $2\,(x + y) = 12$ II $3\,(x + 1) + 2y = 16$	**3.** I $(4y - 15)\,7 = x + 67$ II $8\,(x + 11) = 2\,(y + 22)$
2. I $3\,(y + 6) + 4x = 60$ II $5\,(x - 1) = 6y - 50$	

[1] Faktor = das, was malgenommen wird

Lineare Gleichungssysteme mit 2 Variablen – Step by Step
KOHL VERLAG

Rechnen mit Brüchen ohne Variablen im Nenner

Treten in Gleichungen Brüche auf, gilt es, sie möglichst zu beseitigen. Dies ist möglich durch Multiplikation mit Vielfachen der Nenner. Durch anschließendes Kürzen verschwinden die Brüche.

Wir befassen uns zunächst mit Gleichungen, in denen die Variablen nicht im Nenner stehen.

Beispiel:

I $\quad \frac{1}{2}x + \frac{1}{4}y = \frac{5}{4} \quad | \cdot 4$

II $\quad \frac{2}{3}x + \frac{2}{6}y = \frac{3}{2} \quad | \cdot 6$

Wir multiplizieren jeweils mit dem kleinsten gemeinsamen Vielfachen der Nenner. Anschließend werden die Brüche gleich weggekürzt:

I $\quad \frac{1 \cdot 4}{2} x + \frac{1 \cdot 4}{4} y = \frac{5 \cdot 4}{4}$

$\frac{1 \cdot \cancel{4}\,2}{\cancel{2}} x + \frac{1 \cdot \cancel{4}}{\cancel{4}} y = \frac{5 \cdot \cancel{4}}{\cancel{4}}$

$2x + y = 5$

II $\quad \frac{2 \cdot 6}{3} x + \frac{1 \cdot 6}{6} y = \frac{3 \cdot 6}{2}$

$\frac{2 \cdot \cancel{6}\,2}{\cancel{3}} x + \frac{1 \cdot \cancel{6}}{\cancel{6}} y = \frac{3 \cdot \cancel{6}\,3}{\cancel{2}}$

$4x + y = 9$

Wir wenden nun das Additionsverfahren an. Auch andere Verfahren lassen sich anwenden.

I $\quad 2x + y = 5 \quad | \cdot (-1)$

II $\quad 4x + y = 9$

I' $\quad -2x - y = -5$

II $\quad 4x + y = 9$

I'+II $\quad 2x + 0 = 4 \quad | : 2$

$\underline{x = 2}$

Berechnung des y-Wertes:
x = 2 in I eingesetzt:

$2 \cdot 2 + y = 5$

$4 + y = 5 \quad | -4$

$\underline{y = 1}$

Probe I:

$\frac{1}{2} \cdot 2 + \frac{1}{4} \cdot 1 = \frac{5}{4}$

$1 + \frac{1}{4} = \frac{5}{4}$

$\frac{5}{4} = \frac{5}{4}$

Probe II:

$\frac{2}{3} \cdot 2 + \frac{1}{6} \cdot 1 = \frac{3}{2}$

$\frac{4}{3} + \frac{1}{6} = \frac{3}{2}$

$\frac{8}{6} + \frac{1}{6} = \frac{3}{2}$

$\frac{9}{6} = \frac{9}{6}$

Aufgaben: *Löse die nachfolgenden Aufgaben wie im Beispiel vorgeführt. Führe jeweils auch die beiden Proben durch.*

1.
I $\quad \frac{1}{4}x + \frac{1}{3}y = 2$
II $\quad \frac{1}{2}x - \frac{2}{3}y = 0$

2.
I $\quad \frac{1}{2}x - \frac{1}{3}y = 1$
II $\quad \frac{1}{4}x - \frac{4}{3}y = -10$

3.
I $\quad \frac{3}{4}x + \frac{2}{5}y = 16$
II $\quad \frac{1}{8}x + \frac{2}{5}y = 6$

Lineare Gleichungssysteme mit 2 Variablen
Step by Step – Bestell-Nr. 12 812
KOHL VERLAG

Rechnen mit Brüchen mit Variablen im Nenner

Variablen können auch im Nenner von Brüchen vorkommen. Ebenfalls solche Brüche lassen sich durch Multiplikation(en) der Nenner und anschließendes Kürzen beseitigen.

<u>Beispiel</u>:

I $\quad \frac{2x}{y} = 8 \quad | \cdot y$

II $\quad \frac{24}{x - y} = 4 \quad | \cdot (x - y)$

Wir multiplizieren jeweils mit dem Nenner. Danach werden die Brüche gleich weggekürzt; anschließend kann weiter vereinfacht werden.

I $\quad \frac{2x \cdot y}{y} = 8 \cdot y$

$\frac{2x \cdot \cancel{y}}{\cancel{y}} = 8 \cdot y$

$2x = 8y \quad | : 2$

I' $\quad x = 4y$

II $\quad \frac{24 \cdot (x - y)}{x - y} = 4 \cdot (x - y)$

II $\quad \frac{24 \cdot \cancel{(x - y)}}{\cancel{x - y}} = 4 \cdot (x - y)$

$24 = 4x - 4y \quad | : 4$

II' $\quad 6 = x - y$

Diesmal wenden wir das Einsetzungsverfahren an. Auch andere Verfahren lassen sich anwenden.

Einsetzung 4y aus I' für x in II':

$6 = 4y - y$

$6 = 3y \quad |$ Seitentausch

$3y = 6 \quad | : 3$

$\underline{y = 2}$

Berechnung des x-Wertes:

y = 2 in I' eingesetzt:

$x = 4 \cdot 2$

$\underline{x = 8}$

Probe I: $\quad \frac{2 \cdot 8}{2} = 8$

$8 = 8$

Probe II: $\quad \frac{24}{8 - 2} = 4$

$\frac{24}{6} = 4$

$4 = 4$

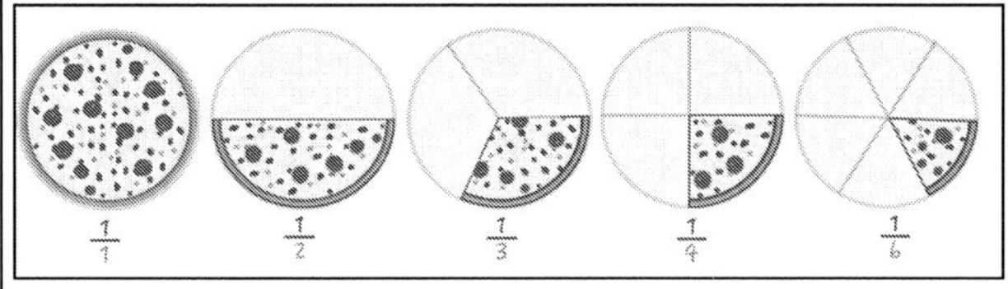

Während man beim Bestimmen der zweiten Variablen durchaus oft besser auf eine bereits umgeformte Gleichung zurückgreifen kann, muss man bei den Proben unbedingt <u>immer die Ausgangsgleichungen</u> prüfen, weil ja bei jener Umformung schon ein Fehler passiert sein kann.

<u>Bedenke</u>: Aus Differenzen und Summen darf <u>nicht gekürzt</u> werden.
Der Merkspruch (= „Eselsbrücke") heißt:

„Aus Differenzen und Summen kürzen nur die Dummen!"

<u>Aufgaben</u>: *Löse die nachfolgenden Aufgaben. Führe jeweils auch die beiden Proben durch.*

1.	I	$\frac{x}{y} = 3$	**3.**	I	$\frac{56}{y - x} = 14$
	II	$6y - x = 9$		II	$\frac{9x}{y} = 5$
2.	I	$\frac{48}{x + y} = 4$			
	II	$\frac{5y}{2x} = 5$			

Lineare Gleichungssysteme mit 2 Variablen
KOHL VERLAG

Anwendung verschiedener Verfahren zur Lösung linearer Gleichungssysteme mit 2 Variablen

Aufgaben: *Löse die anschließenden Aufgaben. Dir bleibt es überlassen, welches Verfahren du jeweils anwendest. Denke bei jeder Aufgabe daran, zwei Proben zu machen.*

Hinweise:

- Zu empfehlen ist es, das Verfahren anzuwenden, das sich am besten eignet.
- Oder du wählst das Verfahren, mit dem du gut zurechtkommst.
- Besonders bei den Aufgaben mit Klammern oder Brüchen sind oft viele Schritte nötig, bis du die erste Variable bestimmen kannst. Dann ist es oft für die Bestimmung der 2. Variablen günstiger, den bekannten Wert nicht in eine Ausgangsgleichung, sondern in eine schon vereinfachte Gleichung einzusetzen.

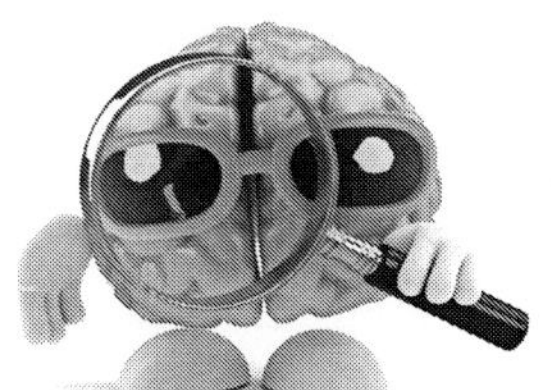

1.	I	$x = 2y - 1$	**7.**	I	$3x + 7y - 11 = 0$
	II	$x + 3y = 19$		II	$2x + 5y - 9 = 0$
2.	I	$x + y = 49$	**8.**	I	$4x - 14 = y$
	II	$x - y = 15$		II	$5y = 2x + 20$
3.	I	$y = 5x - 30$	**9.**	I	$6x - 20 = 7y$
	II	$y = -3x + 26$		II	$7y + 26 = 5x$
4.	I	$4x + 5y = 63$	**10.**	I	$9(4x + 8) = -24y$
	II	$2x + 10y = 114$		II	$5(3y - 2x) = -45$
5.	I	$2{,}5x = y + 14$	**11.**	I	$\frac{1}{3}x + \frac{1}{2}y = 0$
	II	$10x = 20y + 40$		II	$\frac{5}{6}x - \frac{3}{4}y = 8$
6.	I	$x - 1 = y$	**12.**	I	$\frac{10}{y + x} = 5$
	II	$x - 6y = -14$		II	$\frac{6y}{x} = -12$

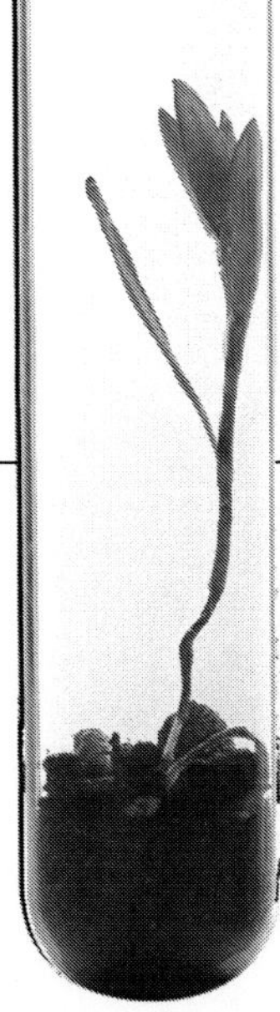

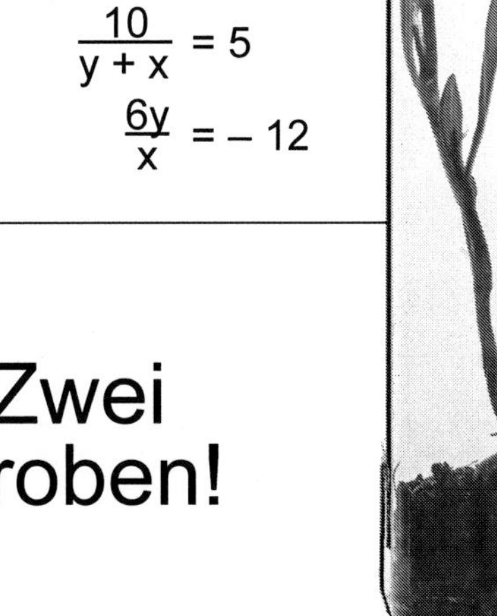

Zwei Proben!

KOHL VERLAG
Lineare Gleichungssysteme mit 2 Variablen
Step by Step – Bestell-Nr. 12 812

Textaufgaben (I)

Aufgaben: *Stelle zuerst zu jeder der folgenden Textaufgaben 2 Gleichungen mit 2 Variablen auf. Berechne an Hand der beiden Gleichungen den jeweiligen Wert der Variablen. Führe immer 2 Proben durch und schreibe schließlich einen (kurzen) Antwortsatz.*

1. In der beendeten Fußballsaison gewannen der Meister und der Vizemeister zusammen 40 Punktspiele. Der Meister gewann 2 Punktspiele mehr als der Vizemeister. Wie viele Punktspiele gewann der Meister? Wie oft siegte der Vizemeister?
2. Auf einer Geburtstagsfeier sind 12 Personen anwesend. Es sind dreimal so viele Mädchen wie Jungen. Wie viele Mädchen und wie viele Jungen befinden sich auf der Geburtstagsfeier?
3. Addiert man die beiden gesuchten Zahlen, so kommt als Ergebnis 51 heraus. Wird die kleinere gesuchte Zahl von der größeren subtrahiert, ist das Ergebnis 5. Wie heißen die zwei gesuchten Zahlen?
4. Zwei Waren wiegen zusammen 85 kg. Die eine Ware ist viermal so schwer wie die andere Ware. Wie viel kg wiegt die eine Ware, wie viel kg die andere Ware?
5. Einem relativ kleinen Sportverein gehören derzeit insgesamt 460 Personen an. Die Anzahl der männlichen Mitglieder ist 1,5-mal so groß wie die der weiblichen Mitglieder. Wie viele weibliche und wie viele männliche Personen sind Mitglied in dem Sportverein?
6. Zu einer zweitägigen Ausstellung kamen insgesamt 733 Besucher. Am Sonntag waren es 49 Besucher mehr als am Sonnabend. Wie viele Besucher gab es am Sonnabend und wie viele am Sonntag?
7. Zwei Personen gewinnen bei einer Lotterie zusammen 1 800 Euro. Der Gewinn wird zwischen den beiden Personen im Verhältnis 4 : 5 aufgeteilt. Wie viel Geld erhält die eine Person, wie viel Geld die andere Person?
8. Zwei verschiedene Sorten Kaffee werden miteinander zu 1 000 g Kaffee vermischt. Das Verhältnis der Sorte A zur Sorte B beträgt in dieser Mischung 2 : 3. Wie viel g der Sorte A und wie viel g der Sorte B enthält die Kaffeemischung?
9. Ein Sportler lief an 2 Tagen insgesamt 40 km. Am ersten Tag lief er $\frac{3}{5}$ der Kilometer, am zweiten Tag die übrigen km. Wie viele km lief der Sportler am ersten Tag und wie viele km am zweiten Tag?
10. In einem Schullandheim stehen für Schüler 24 Zimmer zur Verfügung. Es sind Dreibettzimmer und Vierbettzimmer. Die Anzahl der Vierbettzimmer ist 1,4-mal so groß wie die der Dreibettzimmer. Wie viele Dreibettzimmer und wie viele Vierbettzimmer stehen zur Verfügung?

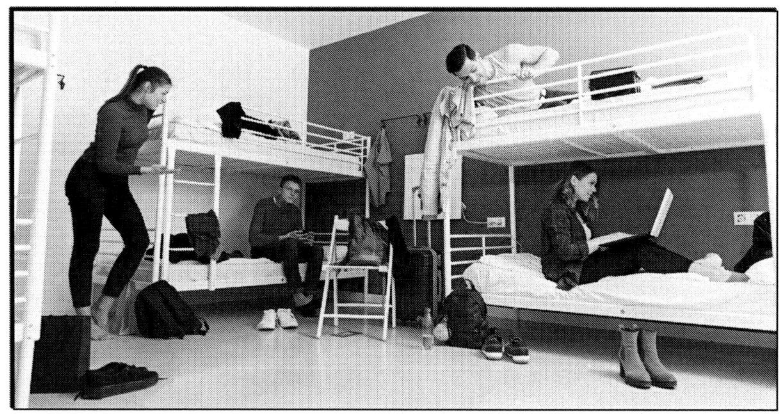

KOHL VERLAG
Lineare Gleichungssysteme mit 2 Variablen
Step by Step – Bestell-Nr. 12 812

Textaufgaben (II)

Aufgaben: *Stelle zuerst zu jeder der folgenden Textaufgaben 2 Gleichungen mit 2 Variablen auf. Berechne an Hand der beiden Gleichungen den jeweiligen Wert der Variablen. Führe immer 2 Proben durch und schreibe schließlich einen (kurzen) Antwortsatz.*

1. Mit 3 Euro mehr hätte ich genauso viel Geld in meinem Portmonee wie ein Freund. Mit 6 Euro mehr hätte der Freund doppelt so viel Geld in seinem Portmonee wie ich. Wie viel Geld habe ich in meinem Portmonee, wie viel Geld der Freund?

2. Ein Ehepaar bezahlt in einem Café für 2 Tassen gleichen Tee und 2 gleiche Stücke Kuchen 9,40 Euro. Ein Stück Kuchen ist 0,30 Euro teurer als eine Tasse Tee. Wie teuer ist 1 Tasse Tee und was kostet ein Stück Kuchen?

3. Ein Wanderer war 2 Stunden unterwegs. In dieser Zeit legte er eine Strecke von 11 km zurück. In der ersten Stunde ging er 1,5 km/h schneller als in der zweiten Stunde. Mit welcher Geschwindigkeit ging der Wanderer durchschnittlich in der ersten Stunde? Wie viel km/h betrug die Geschwindigkeit durchschnittlich in der zweiten Stunde?

4. Zusammen sind Mutter und Tochter 48 Jahre alt. In 12 Jahren ist die Mutter doppelt so alt wie ihre Tochter. Berechne, wie alt zurzeit die Mutter und die Tochter sind!

5. In jedem Dreieck beträgt die Summe der 3 Innenwinkel (bekanntlich) 180°. Angenommen: Der Winkel α ist 55° groß. Welche Größe haben die Winkel β und γ, wenn der Winkel γ 1,5-mal so groß ist wie der Winkel β?

6. In einem gleichschenkligen Dreieck sind die beiden Basiswinkel α und β gleich groß. Angenommen: Der Winkel γ ist doppelt so groß wie jeder Basiswinkel. Wie groß sind unter dieses Gegebenheit die Winkel α, β und γ?

7. Der Umfang eines Rechtecks beträgt 40 cm. Die Länge des Rechtecks beträgt 4 cm mehr als die Breite. Wie lang und wie breit ist das Rechteck?

8. An einem Tag besuchten 96 Personen ein Museum. Der Eintritt kostete für jeden Erwachsenen 6, für Kinder und Jugendliche jeweils 3 Euro. An der Kasse wurden für den Eintritt in das Museum insgesamt 474 Euro eingenommen. Wie viele Erwachsene und wie viele Kinder bzw. Jugendliche besuchten an diesem Tag das Museum?

9. Auf einem Fluss schafft ein Schiff stromabwärts eine Geschwindigkeit von 28 km/h, stromaufwärts jedoch nur 25 km/h. Wie viel km/h beträgt die Strömungsgeschwindigkeit des Wassers? Welche eigene Geschwindigkeit hat das Schiff?

10. Ein Radfahrer fährt los. 5 Minuten später startet ein anderer Radfahrer und fährt hinterher. Als dieser 20 Minuten gefahren ist, holt er den zuerst losgefahrenen Radfahrer ein. Beide Radfahrer sind denselben Weg gefahren. Der später gestartete Radfahrer fuhr durchschnittlich 4 km/h schneller als der zuerst losgefahrene Radfahrer. Mit welcher Durchschnittsgeschwindigkeit fuhr der 1. Radfahrer, mit welcher der 2. Radfahrer?

<u>Hinweis</u>: Die Geschwindigkeiten geben die zurückgelegten km pro gefahrener Stunde = 60 min an. Rechnet man wie beim Dreisatz von 60 min jeweils auf die bis zum Treffpunkt benötigten Minuten um, so erhält man jeweils die gleiche Strecke.

Lineare Gleichungssysteme mit 2 Variablen
Step by Step – Bestell-Nr. 12 812

Test A: Lineare Gleichungssysteme mit 2 Variablen

Name: ______________________ Erreichte Punktzahl: __________

1. Wie heißt das mathematische Fachwort für Beizahl (= Vorzahl)?
2. Wie werden die 2 Proben in linearen Gleichungssystemen mit 2 Variablen durchgeführt?
3. Berechne: $(-15) \cdot 7 =$
4. Welches Verfahren zur Lösung eines linearen Gleichungssystems mit 2 Variablen empfiehlt sich, wenn eine Variable in beiden Gleichungen denselben Koeffizienten hat, einmal positiv, einmal negativ?
5. Welches Verfahren zur Lösung eines linearen Gleichungssystems mit 2 Variablen empfiehlt sich, wenn beide Gleichungen nach derselben Variablen mit dem gleichen Koeffizienten aufgelöst sind?
6. Welches Verfahren zur Lösung eines linearen Gleichungssystems mit 2 Variablen empfiehlt sich, wenn eine Gleichung bereits nach einer Variablen aufgelöst ist?
7. Beschreibe die 4 Schritte des Einsetz(ungs)verfahrens kurz in Stichwörtern!
8. Rechne die Werte der 2 Variablen aus und mache die Proben:

   I $y = 2x + 2$ II $y - 5x = -1$
9. Rechne die Werte der 2 Variablen aus und mache die Proben:

   I $3x = 4y - 17$ II $y + 7 = 3x$
10. Beschreibe die Schritte des Additionsverfahrens kurz in Stichwörtern!
11. Rechne die Werte der 2 Variablen aus und mache die Proben:

    I $y + 2x = 6$ II $y - 2x = 2$
12. Ermittle die Werte der beiden Variablen zeichnerisch und mache rechnerisch die Proben:

    I $y = x - 1$ II $y = 2x - 3$
13. Rechne die Werte der 2 Variablen aus und mache die Proben:

    I $3(x + y) = 15$ II $(2x - 4)\,2 = 2y$
14. Rechne die Werte der 2 Variablen aus und mache die Proben:

    I $\frac{1}{2}x - \frac{1}{5}y = 2$ II $\frac{54}{x + y} = 3$
15. Rechne die Werte der 2 Variablen aus und mache die Proben:

    I $8x + 9y = 76$ II $4y - 2x = 56$

16. Stelle zu folgendem Text 2 Gleichungen mit 2 Variablen auf und berechne damit die Werte der Variablen; mache auch die Proben und schreibe einen Antwortsatz auf:

    „In einer Schule gibt es insgesamt 39 Lehrkräfte. Die Zahl der Lehrerinnen ist 1,6-mal so groß wie die der Lehrer. Wie viele Lehrerinnen und wie viele Lehrer unterrichten in dieser Schule?“

Lineare Gleichungssysteme mit 2 Variablen Step by Step – Bestell-Nr. 12 812
KOHL VERLAG Lernen mit Erfolg

Test B: Lineare Gleichungssysteme mit 2 Variablen

Name: ______________________ Erreichte Punktzahl: __________

1. Wie lautet das mathematische Fachwort für Platzhalter (= Unbekannte)?
2. Was sollte zum Abschluss der Berechnung des Wertes einer Variablen auf der linken Seite der Gleichung stehen, was auf der rechten Seite?
3. Berechne: $14 \cdot (-8) =$
4. Welches Verfahren zur Lösung eines linearen Gleichungssystems mit 2 Variablen empfiehlt sich, wenn eine Gleichung bereits nach einer Variablen aufgelöst ist?
5. Welches Verfahren zur Lösung eines linearen Gleichungssystems mit 2 Variablen empfiehlt sich, wenn eine Variable in beiden Gleichungen denselben Koeffizienten hat, einmal positiv, einmal negativ?
6. Welches Verfahren zur Lösung eines linearen Gleichungssystems mit 2 Variablen empfiehlt sich, wenn beide Gleichungen nach derselben Variablen mit dem gleichen Koeffizienten aufgelöst sind?
7. Beschreibe die 4 Schritte des Gleichsetz(ungs)verfahrens kurz in Stichwörtern!
8. Rechne die Werte der 2 Variablen aus und mache die Proben:

   I $2y = 3x - 8$ II $x + 4 = 2y$
9. Rechne die Werte der 2 Variablen aus und mache die Proben:

   I $y = 3x - 3$ II $y - x = 1$
10. Beschreibe die Schritte des zeichnerischen Verfahrens kurz in Stichwörtern!
11. Ermittle die Werte der beiden Variablen zeichnerisch und mache rechnerisch die Proben:

    I $y = x + 1$ II $y = 3x - 1$
12. Rechne die Werte der 2 Variablen aus und mache die Proben:

    I $y + 3x = 14$ II $y - 3x = -4$
13. Rechne die Werte der 2 Variablen aus und mache die Proben:

    I $4(x + y) = 20$ II $(2y - 2)\,3 = 6x$
14. Rechne die Werte der 2 Variablen aus und mache die Proben:

    I $\frac{1}{2}x + \frac{1}{3}y = 9$ II $\frac{14}{y - x} = 7$
15. Rechne die Werte der 2 Variablen aus und mache die Proben:

    I $6x + 7y = 65$ II $5y - 3x = 61$
16. Stelle zu folgendem Text 2 Gleichungen mit 2 Variablen auf und berechne damit die Werte der Variablen; mache auch die Proben und schreibe einen Antwortsatz auf:

    „Zu einer Firma gehören insgesamt 85 Personen. Die Anzahl der Männer ist 1,5-mal so groß wie die der Frauen. Wie viele Frauen und wie viele Männer sind in der Firma tätig?"

Was kannst du? – Lernerfolgskontrolle A1

1. Welche Rechenoperationen kommen in linearen Gleichungssystemen mit 2 Variablen vor?

2. Wozu dient das Umformen von Gleichungen?

3. Berechne:

   8 • (– 12) =

4. Wie wird das zeichnerische Verfahren zur Lösung von linearen Gleichungssystemen sonst noch genannt?

5. Erkläre, warum das Gleichsetz(ungs)verfahren so heißt.

6. Nenne eine Möglichkeit, wann sich das Gleichsetz(ungs)verfahren empfiehlt.

7. Berechne die Werte der beiden Variablen mit dem Gleichsetz(ungs)verfahren:

   I y = 5x – 30
   II y = – 3x + 26

8. Erkläre wieso das Einsetzungsverfahren so heißt.

9. Nenne eine Möglichkeit, wann sich die Anwendung des Einsetz(ungs)verfahrens eignet.

10. Berechne die Werte der zwei Variablen mit dem Einsetz(ungs)verfahren:

    I x = 5y – 1
    II y = 3x – 25

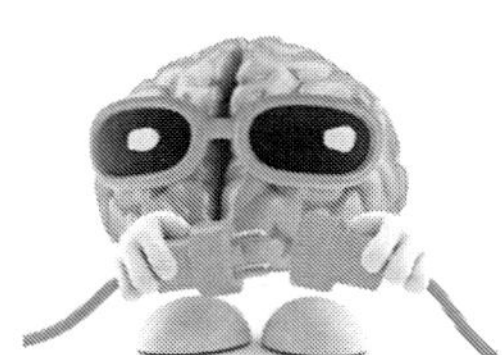

KOHL VERLAG Lineare Gleichungssysteme mit 2 Variablen Step by Step – Bestell-Nr. 12 812

Was kannst du? – Lernerfolgskontrolle A2

11. Erkläre, weshalb das Additionsverfahren so heißt.

12. Nenne eine Möglichkeit, wann sich die Anwendung des Additionsverfahrens anbietet.

13. Berechne die Werte der beiden Variablen mit dem Additionsverfahren:

I $x + y = 49$
II $x - y = 15$

14. Nach welcher Variablen müssen die Gleichungen zur Anwendung des zeichnerischen Verfahrens aufgelöst sein oder aufgelöst werden?

15. Ermittle die Werte der beiden Variablen zeichnerisch:

I $y = 2x + 1$
II $y = x + 2$

16. Berechne die Werte der beiden Variablen:

I $2(x + 2) = 4y$
II $3(y + 5) = 6x$

17. Berechne die Werte der beiden Variablen:

I $\frac{1}{4}y + \frac{1}{2}x = 2$
II $\frac{1}{2}y - \frac{1}{4}x = \frac{3}{2}$

18. Berechne die Werte der beiden Variablen:

I $\frac{y}{x} = 3$
II $\frac{24}{y - x} = 4$

19. Berechne die Werte der beiden Variablen:

I $4x + 3y = 22$
II $7x - 4y = 57$

20. Mit Pfand kosten 6 gleiche Getränke 6,90 Euro. Die Getränke sind insgesamt 3,90 Euro teurer als das Pfand.

Wie teuer sind die 6 Getränke?

Wie viel beträgt das Pfand?

Stelle 2 Gleichungen auf und löse damit die Aufgabe.

Was kannst du? – Lernerfolgskontrolle B1

1. Was muss in linearen Gleichungssystemen mit 2 Variablen gemacht werden, um die Werte der Variablen zu berechnen?

2. Was gilt es beim Umformen von Gleichungen unbedingt zu beachten?

3. Berechne:

(– 9) • (– 13) =

4. Nenne 4 verschiedene Verfahren zur Lösung linearer Gleichungssysteme mit 2 Variablen?

5. Wonach müssen zur Anwendung des Gleichsetz(ungs)verfahrens beide Gleichungen aufgelöst sein bzw. aufgelöst werden?

6. Nenne zwei Möglichkeiten, wann sich die Anwendung des Gleichsetz(ungs)-verfahrens empfiehlt.

7. Berechne die Werte der beiden Variablen mit dem Gleichsetz(ungs)verfahren:

I $2{,}5x = y + 14$
II $20y + 40 = 10x$

8. Wie wird mit Hilfe des Einsetz(ungs)verfahrens die 1. Variable berechnet?

9. Nenne zwei Möglichkeiten, wann sich das Einsetz(ungs)verfahrens eignet.

10. Berechne die Werte der beiden Variablen mit dem Einsetz(ungs)verfahren:

I $5y = 20 + 15$
II $5x + y = 28$

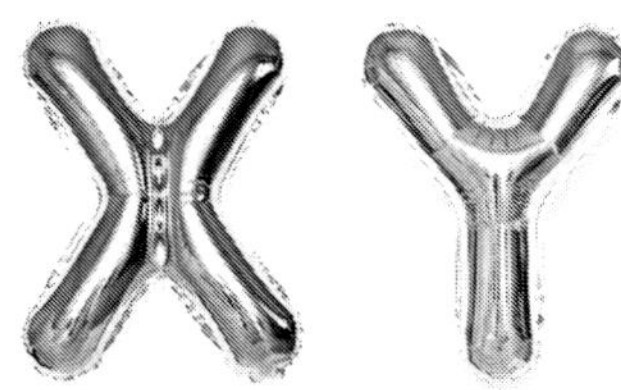

Was kannst du? – Lernerfolgskontrolle B2

11. Was ist die Voraussetzung, um das Additionsverfahren anwenden zu können?

12. Nenne zwei Möglichkeiten, wann sich die Anwendung des Additionsverfahrens anbietet.

13. Berechne die Werte der beiden Variablen mit dem Additionsverfahren:

I $3x + 4y = 37$
II $5x - 2y = 27$

14. Wie bezeichnet man ins Koordinatensystem eingezeichnete Funktionsgleichungen?

15. Ermittle die Werte der beiden Variablen zeichnerisch:

I $y = x - 3$
II $2x - 6 = y$

16. Berechne die Werte der beiden Variablen:

I $5(4 - x) = 3x$
II $(y + 2x)\,7 = 21$

17. Berechne die Werte der beiden Variablen:

I $\frac{2}{3}x + \frac{1}{4}y = 10$
II $\frac{3}{4}y - \frac{1}{6}x = 4$

18. Berechne die Werte der beiden Variablen:

I $\frac{20}{x + y} = 5$
II $\frac{30}{y - 2x} = 3$

19. Berechne die Werte der beiden Variablen:

I $4x + 21 = -3y$
II $3x - 4y = 28$

20. Subtrahiert man von der größeren Zahl die kleinere Zahl, ist das Ergebnis 21. Wird die größere Zahl durch die kleinere Zahl geteilt, lautet das Ergebnis 4. Wie heißen die beiden gesuchten Zahlen? Stelle 2 Gleichungen auf und löse damit die Aufgabe.

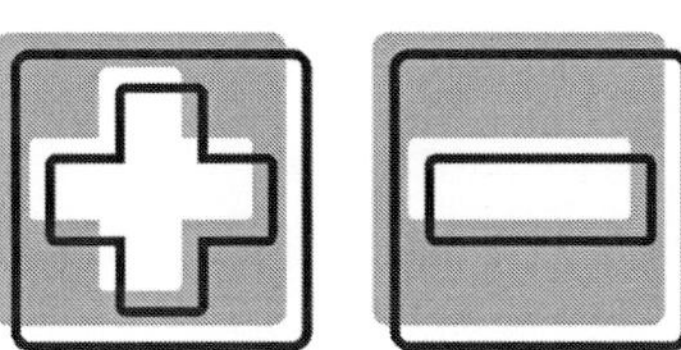

Lösungen

Einführung in lineare Gleichungssysteme mit 2 Variablen

Aufgabe 1: Richtig sind a), c), f), g).

Aufgabe 2: Verbessere nun die Sätze, die falsch sind!

b) In linearen Gleichungen und Gleichungssystemen sind keine Potenzen und keine Wurzeln enthalten.
d) In linearen Gleichungssystemen mit 2 Variablen verwendet man gewöhnlich die beiden Buchstaben x und y.
e) Lineare Gleichungen mit 1 Variablen bestehen aus einer Gleichung, lineare Gleichungssysteme mit 2 Variablen aus jeweils zwei Gleichungen.
h) Nach der Berechnung der beiden Variablen empfiehlt es sich, zwei Proben durchzuführen.

Umformung von Gleichungen und Behandlung von Vorzeichen (+/–) beim Rechnen

Aufgabe: Individuelle Lösungen

Vorbemerkungen zur Bestimmung der Werte von Variablen

Aufgabe:

1. In linearen Gleichungssystemen mit 2 Variablen gibt es jeweils 2 Lösungen.
2. Die eine Lösung ist der Wert für die eine Variable (z. B. x), die andere Lösung der Wert für die andere Variable (z. B. y).
3. Zur Berechnung der Werte kann man verschiedene Methoden anwenden, auch Verfahren genannt.
4. 3 unterschiedliche rechnerische Verfahren sind üblich.
5. Das eine Verfahren bezeichnet man als Gleichsetz(ungs)verfahren.
6. Für dieses Verfahren wird auch das Fremdwort Komparationsverfahren benutzt.
7. Eine weitere Möglichkeit ist das Einsetz(ungs)verfahren.
8. Das Fremdwort dafür heißt Substitutionsverfahren.
9. Zudem existiert das Additionsverfahren.
10. Dieses nennt man umgangssprachlich auch Zusammenzählungsverfahren.
11. Darüberhinaus lassen sich lineare Gleichungssysteme mit 2 Variablen im Koordinatensystem zeichnerisch (= graphisch) lösen.
12. Dabei muss man sehr sorgfältig auf einem quadratischen Gitter zeichnen.
13. Nur dann kann man auch das Ergebnis am Schnittpunkt der beiden Geraden ablesen.

Das Gleichsetz(ungs)verfahren (= Komparationsverfahren)

Aufgaben:

<table>
<tr>
<td>1. I $y = 3x - 3$
II $y = 18 - 4x$
Gleichsetzung I = II:
$3x - 3 = 18 - 4x \quad | +4x$
$3x + 4x - 3 = 18 - 4x + 4x$
$7x - 3 = 18 \quad | +3$
$7x - 3 + 3 = 18 + 3$
$7x = 21 \quad | :7$
$7x : 7 = 21 : 7$
$\underline{x = 3}$</td>
<td>Berech. des y-Wertes:
x = 3 in I eingesetzt:

$y = 3 \cdot 3 - 3$
$\underline{y = 6}$</td>
<td>Probe I:
$6 = 3 \cdot 3 - 3$
$6 = 9 - 3$
$6 = 6$

Probe II:
$6 = 18 - 4 \cdot 3$
$6 = 18 - 12$
$6 = 6$</td>
</tr>
<tr>
<td>2. I $2x = 3y - 1$
II $2x = y + 9$
Gleichsetzung I = II:
$3y - 1 = y + 9 \quad | +1$
$3y - 1 + 1 = y + 9 + 1$
$3y = y + 10 \quad | -y$
$3y - y = y - y + 10$
$2y = 10 \quad | :2$
$\underline{y = 5}$</td>
<td>Berech. des x-Wertes:
y = 5 in I eingesetzt:

$2x = 3 \cdot 5 - 1$
$2x = 15 - 1$
$2x = 14 \quad | :2$
$\underline{x = 7}$</td>
<td>Probe I:
$2 \cdot 7 = 3 \cdot 5 - 1$
$14 = 15 - 1$
$14 = 14$

Probe II:
$2 \cdot 7 = 5 + 9$
$14 = 14$</td>
</tr>
<tr>
<td>3. I $y + 7 = 5x \quad | -7$
II $y - 2 = 2x \quad | +2$
I‘ $y = 5x - 7$
II‘ $y = 2x + 2$
Gleichsetzung I‘ = II‘:
$5x - 7 = 2x + 2 \quad | +7$
$5x - 7 + 7 = 2x + 2 + 7$
$5x = 2x + 9 \quad | -2x$
$5x - 2x = 2x - 2x + 9$
$3x = 9$
$\underline{x = 3}$</td>
<td>Berech. des y-Wertes:
x = 3 in I‘ eingesetzt:

$y = 5 \cdot 3 - 7$
$y = 15 - 7$
$\underline{y = 8}$</td>
<td>Probe I:
$8 + 7 = 5 \cdot 3$
$15 = 15$

Probe II:
$8 - 2 = 2 \cdot 3$
$6 = 6$</td>
</tr>
</table>

Lösungen

Das Gleichsetz(ungs)verfahren (= Komparationsverfahren)

Aufgaben:

4. I 3y – 22 = 5x | + 22 II 3y – 20 = 4x | + 20 I' 3y = 5x + 22 II' 3y = 4x + 20 Gleichsetzung I' = II': 5x + 22 = 4x + 20 | – 22 5x + 22 – 22 = 4x + 20 – 22 5x = 4x – 2 | – 4x 5x – 4x = 4x – 4x – 2 <u>x = – 2</u>	Berech. des y-Wertes: x = – 2 in I' eingesetzt: 3y = 5 • (– 2) + 22 3y = – 10 + 22 3y = 12 | : 3 <u>y = 4</u>	<u>Probe I</u>: 3 • 4 – 22 = 5 • (– 2) 12 – 22 = – 10 – 10 = – 10 <u>Probe II</u>: 3 • 4 – 20 = 4 • (– 2) 12 – 20 = – 8 – 8 = – 8
5. I y = 7x – 33 II y = 3x – 13 Gleichsetzung I = II: 7x – 33 = 3x – 13 | + 33 7x – 33 + 33 = 3x – 13 + 33 7x = 3x + 20 | – 3x 7x – 3x = 3x – 3x + 20 4x = 20 | : 4 <u>x = 5</u>	Berech. des y-Wertes: x = 5 in I eingesetzt: y = 7 • 5 – 33 y = 35 – 33 <u>y = 2</u>	<u>Probe I</u>: 2 = 7 • 5 – 33 2 = 35 – 33 2 = 2 <u>Probe II</u>: 2 = 3 • 5 – 13 2 = 15 – 13 2 = 2
6. I 2y + 44 = 5x | – 44 II 32 + 2y = 3x | – 32 I' 2y = 5x – 44 II' 2y = 3x – 32 Gleichsetzung I' = II': 5x – 44 = 3x – 32 | + 44 5x – 44 + 44 = 3x – 32 + 44 5x = 3x + 12 | – 3x 5x – 3x = 3x – 3x + 12 2x = 12 | : 2 <u>x = 6</u>	Berech. des y-Wertes: x = 6 in I' eingesetzt: 2y = 5 • 6 – 44 2y = 30 – 44 2y = – 14 | : 2 <u>y = – 7</u>	<u>Probe I</u>: 2 • (– 7) + 44 = 5 • 6 – 14 + 44 = 30 30 = 30 <u>Probe II</u>: 32 + 2 • (– 7) = 3 • 6 32 – 14 = 18 18 = 18
7. I 4x – 11 = 9y | + 11 II 8y + 8 = 4x | Seitentausch I' 4x = 9y + 11 II' 4x = 8y + 8 Gleichsetzung I' = II': 9y + 11 = 8y + 8 | – 11 9y + 11 – 11 = 8y + 8 – 11 9y = 8y – 3 | – 8y 9y – 8y = – 3 <u>y = – 3</u>	Berech. des x-Wertes: y = – 3 in I' eingesetzt: 4x = 9 • (– 3) + 11 4x = – 27 + 11 4x = – 16 | : 4 <u>x = – 4</u>	<u>Probe I</u>: 4 • (– 4) – 11 = 9 • (– 3) – 16 – 11 = – 27 – 27 = – 27 <u>Probe II</u>: 8 • (– 3) + 8 = 4 • (– 4) – 24 + 8 = – 16 – 16 = – 16

Das Einsetz(ungs)verfahren (= Substitutionsverfahren)

Aufgaben:

1. I x = 3y – 1 II 4y + 2x = 18 Einsetzung I in II: 4y + 2 • (3y – 1) = 18 4y + 6y – 2 = 18 10y – 2 = 18 | + 2 10y = 20 | : 10 10y : 10 = 20 : 10 <u>y = 2</u>	Berech. des x-Wertes: y = 2 in I eingesetzt: x = 3 • 2 – 1 x = 6 – 1 <u>x = 5</u>	<u>Probe I</u>: 5 = 3 • 2 – 1 5 = 6 – 1 5 = 5 <u>Probe II</u>: 4 • 2 + 2 • 5 = 18 8 + 10 = 18 18 = 18
2. I y = x – 3 II y + 30 = 4x Einsetzung I in II: (x – 3) + 30 = 4x x + 27 = 4x | Seitentausch 4x = x + 27 | – x 4x – x = x – x + 27 3x = 27 | : 3 <u>x = 9</u>	Berech. des y-Wertes: x = 9 in I eingesetzt: y = 9 – 3 <u>y = 6</u>	<u>Probe I</u>: 6 = 9 – 3 6 = 6 <u>Probe II</u>: 6 + 30 = 4 • 9 36 = 36

Lösungen

Das Einsetz(ungs)verfahren (= Substitutionsverfahren)

Aufgaben:

3. I $7y + 4 = 3x$ II $x + 4 = 5y \quad \mid -4$ II' $x = 5y - 4$ Einsetzung II' in I: $7y + 4 = 3 \cdot (5y - 4)$ $7y + 4 = 15y - 12 \quad \mid \text{Seitentausch}$ $15y - 12 = 7y + 4 \quad \mid +12$ $15y - 12 + 12 = 7y + 4 + 12$ $15y = 7y + 16 \quad \mid -7y$ $15y - 7y = 7y - 7y + 16$ $8y = 16 \quad \mid :8$ $\underline{y = 2}$	Berech. des x- Wertes: y = 2 in II' eingesetzt: $x = 5 \cdot 2 - 4$ $x = 10 - 4$ $\underline{x = 6}$	<u>Probe I</u>: $7 \cdot 2 + 4 = 3 \cdot 6$ $14 + 4 = 18$ $18 = 18$ <u>Probe II</u>: $6 + 4 = 5 \cdot 2$ $10 = 10$
4. I $8y = 2x - 34$ II $3x = y + 18$ II' $3x - 18 = y$ Einsetzung II' in I: $8 \cdot (3x - 18) = 2x - 34$ $24x - 144 = 2x - 34 \quad \mid +144$ $24x - 144 + 144 = 2x - 34 + 144$ $24x = 2x + 110 \quad \mid -2x$ $24x - 2x = 2x - 2x + 110$ $22x = 110 \quad \mid :22$ $\underline{x = 5}$	Berech. des y-Wertes: x = 5 in I eingesetzt: $8y = 2 \cdot 5 - 34$ $8y = 10 - 34$ $8y = -24 \quad \mid :8$ $\underline{y = -3}$	<u>Probe I</u>: $8 \cdot (-3) = 2 \cdot 5 - 34$ $-24 = 10 - 34$ $-24 = -24$ <u>Probe II</u>: $3 \cdot 5 = -3 + 18$ $15 = 15$
5. I $5y - x = 1 \quad \mid +x$ II $4y + 8 = 3x$ I' $5y = x + 1 \quad \mid -1$ I'' $5y - 1 = x$ Einsetzung I'' in II: $4y + 8 = 3 \cdot (5y - 1)$ $4y + 8 = 15y - 3 \quad \mid \text{Seitentausch}$ $15y - 3 = 4y + 8 \quad \mid +3$ $15y - 3 + 3 = 4y + 8 + 3$ $15y = 4y + 11 \quad \mid -4y$ $15y - 4y = 4y - 4y + 11$ $11y = 11 \quad \mid :11$ $\underline{y = 1}$	Berech. des x-Wertes: y = 1 in I'' eingesetzt: $5 \cdot 1 - 1 = x$ $5 - 1 = x$ $4 = x$ $\underline{x = 4}$	<u>Probe I</u>: $5 \cdot 1 - 4 = 1$ $5 - 4 = 1$ $1 = 1$ <u>Probe II</u>: $4 \cdot 1 + 8 = 3 \cdot 4$ $4 + 8 = 12$ $12 = 12$
6. I $6x = y - 22 \quad \mid +22$ II $3y = 7x + 33$ I' $6x + 22 = y$ Einsetzung I' in II: $3 \cdot (6x + 22) = 7x + 33$ $18x + 66 = 7x + 33 \quad \mid -66$ $18x + 66 - 66 = 7x + 33 - 66$ $18x = 7x - 33 \quad \mid -7x$ $18x - 7x = 7x - 7x - 33$ $11x = -33 \quad \mid :11$ $\underline{x = -3}$	Berech. des y-Wertes: x = – 3 in II eingesetzt: $3y = 7 \cdot (-3) + 33$ $3y = -21 + 33$ $3y = 12 \quad \mid :3$ $\underline{y = 4}$	<u>Probe I</u>: $6 \cdot (-3) = 4 - 22$ $-18 = -18$ <u>Probe II</u>: $3 \cdot 4 = 7 \cdot (-3) + 33$ $12 = -21 + 33$ $12 = 12$
7. I $8x + 39 = 5y$ II $-9y = 53 + x \quad \mid -53$ II' $-9y - 53 = x$ Einsetzung II' in I: $8 \cdot (-9y - 53) + 39 = 5y$ $-72y - 424 + 39 = 5y$ $-72y - 385 = 5y \quad \mid -5y$ $-72y - 5y - 385 = 5y - 5y$ $-77y - 385 = 0 \quad \mid +385$ $-77y - 385 + 385 = 385$ $-77y = 385 \quad \mid :(-77)$ $\underline{y = -5}$	Berech. des x- Wertes: y = – 5 in I eingesetzt: $8x + 39 = 5 \cdot (-5)$ $8x + 39 = -25 \quad \mid -39$ $8x = -64 \quad \mid :8$ $\underline{x = -8}$	<u>Probe I</u>: $8 \cdot (-8) + 39 = 5 \cdot (-5)$ $-64 + 39 = -25$ $-25 = -25$ <u>Probe II</u>: $-9 \cdot (-5) = 53 + (-8)$ $45 = 53 - 8$ $45 = 45$

Lösungen

Das Additionsverfahren (= Zusammenzählungsverfahren)

Aufgaben:

Aufgabe	Berechnung	Probe
1. I $x + 5y = 16 \quad \mid \cdot (-3)$ II $3x + 2y = 22$ I' $-3x - 15y = -48$ II $3x + 2y = 22$ I'+II $0 - 13y = -26 \quad \mid : (-13)$ $\underline{y = 2}$	Berech. des x- Wertes: y = 2 in I eingesetzt: $x + 5 \cdot 2 = 16$ $x + 10 = 16 \quad \mid -10$ $\underline{x = 6}$	<u>Probe I</u>: $6 + 5 \cdot 2 = 16$ $6 + 10 = 16$ $16 = 16$ <u>Probe II</u>: $3 \cdot 6 + 2 \cdot 2 = 22$ $18 + 4 = 22$ $22 = 22$
2. I $3x + 2y = 20$ II $x + 2y = 8 \quad \mid \cdot (-1)$ I $3x + 2y = 20$ II' $-x - 2y = -8$ I+II' $2x + 0 = 12$ $2x = 12 \quad \mid : 2$ $\underline{x = 6}$	Berech. des y-Wertes: x = 6 in I eingesetzt: $3 \cdot 6 + 2y = 20$ $18 + 2y = 20 \quad \mid -18$ $2y = 2 \quad \mid : 2$ $\underline{y = 1}$	<u>Probe I</u>: $3 \cdot 6 + 2 \cdot 1 = 20$ $18 + 2 = 20$ $20 = 20$ <u>Probe II</u>: $6 + 2 \cdot 1 = 8$ $6 + 2 = 8$ $8 = 8$
3. I $x - 3y = 3 \quad \mid \cdot (-2)$ II $2x - 5y = 6$ I' $-2x + 6y = -6$ II $2x - 5y = 6$ I'+II $0 + y = 0$ $\underline{y = 0}$	Berech. des x-Wertes: y = 0 in I eingesetzt: $x - 3 \cdot 0 = 3$ $x - 0 = 3$ $\underline{x = 3}$	<u>Probe I</u>: $3 - 3 \cdot 0 = 3$ $3 - 0 = 3$ $3 = 3$ <u>Probe II</u>: $2 \cdot 3 - 5 \cdot 0 = 6$ $6 - 0 = 6$ $6 = 6$
4. I $2y - 15 = 5x \quad \mid \cdot 3$ II $3y - 18 = 3x \quad \mid \cdot (-2)$ I' $6y - 45 = 15x$ II' $-6y + 36 = -6x$ I'+II' $0 - 9 = 9x$ $-9 = 9x \quad \mid$ Seitentausch $9x = -9 \quad \mid : 9$ $\underline{x = -1}$	Berech. des y-Wertes: x = – 1 in I eingesetzt: $2y - 15 = 5 \cdot (-1)$ $2y - 15 = -5 \quad \mid +15$ $2y = 10 \quad \mid : 2$ $\underline{y = 5}$	<u>Probe I</u>: $2 \cdot 5 - 15 = 5 \cdot (-1)$ $10 - 15 = -5$ $-5 = -5$ <u>Probe II</u>: $3 \cdot 5 - 18 = 3 \cdot (-1)$ $15 - 18 = -3$ $-3 = -3$
5. I $3x = 4y - 10$ II $2x = 4y - 12 \quad \mid \cdot (-1)$ I $3x = 4y - 10$ II' $-2x = -4y + 12$ I+II' $x = 0 + 2$ $\underline{x = 2}$	Berech. des y-Wertes: x = 2 in I eingesetzt: $3 \cdot 2 = 4y - 10$ $6 = 4y - 10 \quad \mid$ Seitentausch $4y - 10 = 6 \quad \mid +10$ $4y = 16 \quad \mid : 4$ $\underline{y = 4}$	<u>Probe I</u>: $3 \cdot 2 = 4 \cdot 4 - 10$ $6 = 16 - 10$ $6 = 6$ <u>Probe II</u>: $2 \cdot 2 = 4 \cdot 4 - 12$ $4 = 16 - 12$ $4 = 4$
6. I $2y + 6 = 3x \quad \mid \cdot 3$ II $3y + 9 = 4x \quad \mid \cdot (-2)$ I' $6y + 18 = 9x$ II' $-6y - 18 = -8x$ I'+II' $0 + 0 = x$ $0 = x \quad \mid$ Seitentausch $\underline{x = 0}$	Berech. des y-Wertes: x = 0 in I eingesetzt: $2y + 6 = 3 \cdot 0$ $2y + 6 = 0 \quad \mid -6$ $2y = -6 \quad \mid : 2$ $\underline{y = -3}$	<u>Probe I</u>: $2 \cdot (-3) + 6 = 3 \cdot 0$ $-6 + 6 = 0$ $0 = 0$ <u>Probe II</u>: $3 \cdot (-3) + 9 = 4 \cdot 0$ $-9 + 9 = 0$ $0 = 0$
7. I $1 + 7y = 8x$ II $39 + 9y = 4x \quad \mid \cdot (-2)$ I $1 + 7y = 8x$ II' $-78 - 18y = -8x$ I+II' $-77 - 11y = 0 \quad \mid +77$ $-11y = 77 \quad \mid : (-11)$ $\underline{y = -7}$	Berech. des x-Wertes: y = – 7 in I eingesetzt: $1 + 7 \cdot (-7) = 8x$ $1 - 49 = 8x$ $-48 = 8x \quad \mid$ Seitentausch $8x = -48 \quad \mid : 8$ $\underline{x = -6}$	<u>Probe I</u>: $1 + 7 \cdot (-7) = 8 \cdot (-6)$ $1 - 49 = -48$ $-48 = -48$ <u>Probe II</u>: $39 + 9 \cdot (-7) = 4 \cdot (-6)$ $39 - 63 = -24$ $-24 = -24$

Lösungen

Das zeichnerische (= graphische) Verfahren zum Lösen von linearen Gleichungssystemen mit 2 Variablen

Aufgaben:

1.

I $y = x - 2$

x	– 2	– 1	0	1	2	3
y	– 4	– 3	– 2	– 1	0	1

II $y = 2x - 6$

x	0	1	2	3	4	5
y	– 6	– 4	– 2	0	2	4

S(4|2);
<u>x = 4</u>;
<u>y = 2</u>

<u>Probe I</u>:
$2 = 4 - 2$
$2 = 2$

<u>Probe II</u>:
$2 = 2 \cdot 4 - 6$
$2 = 8 - 6$
$2 = 2$

2.

I $y = 4x - 7$

x	0	1	2	3
y	– 7	– 3	1	5

II $y = x + 2$

x	– 1	0	1	2	3	4
y	1	2	3	4	5	6

S(3|5);
<u>x = 3</u>;
<u>y = 5</u>

<u>Probe I</u>:
$5 = 4 \cdot 3 - 7$
$5 = 12 - 7$
$5 = 5$

<u>Probe II</u>:
$5 = 3 + 2$
$5 = 5$

3.

I $y - 10 = 3x$ | + 10
I' $y = 3x + 10$

x	– 4	– 3	– 2	– 1	0	1
y	– 2	1	4	7	10	13

II $y - 8 = 2x$ | + 8
II' $y = 2x + 8$

x	– 4	– 3	– 2	– 1	0	1
y	0	2	4	6	8	10

S(– 2|4);
<u>x = – 2</u>;
<u>y = 4</u>

<u>Probe I</u>:
$4 - 10 = 3 \cdot (-2)$
$-6 = -6$

<u>Probe II</u>:
$4 - 8 = 2 \cdot (-2)$
$-4 = -4$

4.

I $y - 5x = -9$ | + 5x
I' $y = 5x - 9$

x	0	1	2	3
y	– 9	– 4	1	6

II $y - 7x = -11$ | + 7x
II' $y = 7x - 11$

x	0	1	2	3
y	– 11	– 4	3	10

S(1|– 4);
<u>x = 1</u>;
<u>y = – 4</u>

<u>Probe I</u>:
$-4 - 5 \cdot 1 = -9$
$-4 - 5 = -9$
$-9 = -9$

<u>Probe II</u>:
$-4 - 7 \cdot 1 = -11$
$-4 - 7 = -11$
$-11 = -11$

5.

I $y - 1 = 3x$ | + 1
I' $y = 3x + 1$

x	– 2	– 1	0	1	2
y	– 5	– 2	1	4	7

II $y - 6 = 8x$ | + 6
II' $y = 8x + 6$

x	– 2	– 1	0	1
y	–10	– 2	6	14

S(– 1|– 2);
<u>x = – 1</u>;
<u>y = – 2</u>

<u>Probe I</u>:
$-2 - 1 = 3 \cdot (-1)$
$-3 = -3$

<u>Probe II</u>:
$-2 - 6 = 8 \cdot (-1)$
$-8 = -8$

6.

I $y - 1 = 2x$ | + 1
I' $y = 2x + 1$

x	– 2	– 1	0	1	2	3
y	– 3	– 1	1	3	5	7

II $y - 1 = -3x$ | + 1
II' $y = -3x + 1$

x	– 2	– 1	0	1	2	3
y	7	4	1	– 2	– 5	– 8

S(0|1);
<u>x = 0</u>;
<u>y = 1</u>

<u>Probe I</u>:
$1 - 1 = 2 \cdot 0$
$0 = 0$

<u>Probe II</u>:
$1 - 1 = -3 \cdot 0$
$0 = 0$

7.

I $-2x = y + 5$ | – 5
I' $-2x - 5 = y$ | Seitentausch
I'' $y = -2x - 5$

x	– 3	– 2	– 1	0	1	2
y	1	– 1	– 3	– 5	– 7	– 9

II $2x = y - 3$ | + 3
II' $2x + 3 = y$ | Seitentausch
II'' $y = 2x + 3$

x	– 3	– 2	– 1	0	1	2
y	– 3	– 1	1	3	5	7

S(– 2|– 1);
<u>x = – 2</u>;
<u>y = – 1</u>

<u>Probe I</u>:
$-2 \cdot (-2) = -1 + 5$
$4 = 4$

<u>Probe II</u>:
$2 \cdot (-2) = -1 - 3$
$-4 = -4$

Lösungen

Rechnen mit Klammern

Aufgaben:

1. I $2\,(x + y) = 12$ II $3\,(x + 1) + 2y = 16$ Klammern auflösen: I $2x + 2y = 12$ II $3x + 3 + 2y = 16 \quad \mid -3$ I $2x + 2y = 12$ II' $3x + 2y = 13 \quad \mid \cdot (-1)$ I $2x + 2y = 12$ II" $-3x - 2y = -13$ I+II" $-x + 0 = -1$ $-x = -1 \quad \mid : (-1)$ $\underline{x = 1}$	Berech. des y-Wertes: x = 1 in I eingesetzt: $2 \cdot 1 + 2y = 12$ $2 + 2y = 12 \mid -2$ $2y = 10 \mid : 2$ $\underline{y = 5}$	<u>Probe I</u>: $2 \cdot (1 + 5) = 12$ $2 \cdot 6 = 12$ $12 = 12$ <u>Probe II</u>: $3 \cdot (1 + 1) + 2 \cdot 5 = 16$ $3 \cdot 2 + 10 = 16$ $6 + 10 = 16$ $16 = 16$
2. I $3\,(y + 6) + 4x = 60$ II $5\,(x - 1) = 6y - 50$ Klammern auflösen: I $3y + 18 + 4x = 60 \quad \mid -18$ II $5x - 5 = 6y - 50 \mid +5$ I' $3y + 4x = 42 \quad \mid \cdot 2$ II' $5x = 6y - 45 \mid -6y$ I" $6y + 8x = 84$ II" $-6y + 5x = -45$ I"+II" $0 + 13x = 39$ $13x = 39 \quad \mid : 13$ $\underline{x = 3}$	Berech. des y-Wertes: x = 3 in I' eingesetzt: $3y + 4 \cdot 3 = 42$ $3y + 12 = 42 \quad \mid -12$ $3y = 30 \quad \mid : 3$ $\underline{y = 10}$	<u>Probe I</u>: $3 \cdot (10 + 6) + 4 \cdot 3 = 60$ $3 \cdot 16 + 12 = 60$ $48 + 12 = 60$ $60 = 60$ <u>Probe II</u>: $5 \cdot (3 - 1) = 6 \cdot 10 - 50$ $5 \cdot 2 = 60 - 50$ $10 = 10$
3. I $(4y - 15)\,7 = x + 67$ II $8\,(x + 11) = 2\,(y + 22)$ Klammern auflösen: I $28y - 105 = x + 67 \quad \mid +105$ II $8x + 88 = 2y + 44 \quad \mid -44$ I' $28y = x + 172$ II' $8x + 44 = 2y$ | Seitentausch I' $28y = x + 172$ II" $2y = 8x + 44 \quad \mid \cdot (-14)$ I' $28y = x + 172$ II"' $-28y = -112x - 616$ I'+II"' $0 = -111x - 444 \mid +111x$ $111x = -444 \quad \mid : 111$ $\underline{x = -4}$	Berech. des y-Wertes: x = – 4 in II" eingesetzt: $2y = 8 \cdot (-4) + 44$ $2y = -32 + 44$ $2y = 12 \quad \mid : 2$ $\underline{y = 6}$	<u>Probe I</u>: $(4 \cdot 6 - 15) \cdot 7 = -4 + 67$ $(24 - 15) \cdot 7 = 63$ $9 \cdot 7 = 63$ $63 = 63$ <u>Probe II</u>: $8 \cdot (-4 + 11) = 2 \cdot (6 + 22)$ $8 \cdot 7 = 2 \cdot 28$ $56 = 56$

Rechnen mit Brüchen ohne Variablen im Nenner

Aufgaben:

1. I $\frac{1}{4}x + \frac{1}{3}y = 2 \quad \mid \cdot 12$ II $\frac{1}{2}x - \frac{2}{3}y = 0 \quad \mid \cdot 6$ I $\frac{1 \cdot 12}{4}x + \frac{1 \cdot 12}{3}\,y = 24$ II $\frac{1 \cdot 6}{2}x - \frac{2 \cdot 6}{3}\,y = 0$ I $3x + 4y = 24$ II $3x - 4y = 0$ I+II $6x + 0 = 24$ $6x = 24 \quad \mid : 6$ $\underline{x = 4}$	Berech. des y-Wertes: x = 4 in I eingesetzt: $3 \cdot 4 + 4y = 24$ $12 + 4y = 24 \mid -12$ $4y = 12 \mid : 4$ $\underline{y = 3}$	<u>Probe I</u>: $\frac{1}{4} \cdot 4 + \frac{1}{3} \cdot 3 = 2$ $1 + 1 = 2$ $2 = 2$ <u>Probe II</u>: $\frac{1}{2} \cdot 4 - \frac{2}{3} \cdot 3 = 0$ $2 - 2 = 0$ $0 = 0$

Lösungen

Rechnen mit Brüchen ohne Variablen im Nenner

Aufgaben:

2. I $\frac{1}{2}x - \frac{1}{3}y = 1 \quad \mid \cdot 6$ II $\frac{1}{4}x - \frac{4}{3}y = -10 \quad \mid \cdot 12$ I $\frac{1 \cdot 6}{2}x - \frac{1 \cdot 6}{3}y = 6$ II $\frac{1 \cdot 12}{4}x - \frac{4 \cdot 12}{3}y = -120$ I $3x - 2y = 6$ II $3x - 16y = -120 \quad \mid \cdot (-1)$ I $3x - 2y = 6$ II' $-3x + 16y = 120$ I+II' $0 + 14y = 126$ $14y = 126 \quad \mid : 14$ $\underline{y = 9}$	Berech. des x-Wertes: y = 9 in I eingesetzt: $3x - 2 \cdot 9 = 6$ $3x - 18 = 6 \quad \mid +18$ $3x = 24 \quad \mid : 3$ $\underline{x = 8}$	<u>Probe I</u>: $\frac{1}{2} \cdot 8 - \frac{1}{3} \cdot 9 = 1$ $4 - 3 = 1$ $1 = 1$ <u>Probe II</u>: $\frac{1}{4} \cdot 8 - \frac{4}{3} \cdot 9 = -10$ $2 - 12 = -10$ $-10 = -10$
3. I $\frac{3}{4}x + \frac{2}{5}y = 16 \quad \mid \cdot 20$ II $\frac{1}{8}x + \frac{2}{5}y = 6 \quad \mid \cdot 40$ I $\frac{3 \cdot 20}{4}x + \frac{2 \cdot 20}{5}y = 320$ II $\frac{1 \cdot 40}{8}x + \frac{2 \cdot 40}{5}y = 240$ I $15x + 8y = 320 \quad \mid \cdot (-2)$ II $5x + 16y = 240$ I' $-30x - 16y = -640$ II $5x + 16y = 240$ I'+II $-25x + 0 = -400$ $-25x = -400 \quad \mid : (-25)$ $\underline{x = 16}$	Berech. des y-Wertes: x = 16 in II eingesetzt: $5 \cdot 16 + 16y = 240$ $80 + 16y = 240 \mid : 8$ $10 + 2y = 30 \quad \mid -10$ $2y = 20 \quad \mid : 2$ $\underline{y = 10}$	<u>Probe I</u>: $\frac{3}{4} \cdot 16 + \frac{2}{5} \cdot 10 = 16$ $12 + 4 = 16$ $16 = 16$ <u>Probe II</u>: $\frac{1}{8} \cdot 16 + \frac{2}{5} \cdot 10 = 6$ $2 + 4 = 6$ $6 = 6$

Rechnen mit Brüchen mit Variablen im Nenner

Aufgaben:

1. I $\frac{x}{y} = 3 \quad \mid \cdot y$ II $6y - x = 9$ I $\frac{x \cdot y}{y} = 3y$ I' $x = 3y$	Einsetzung I' in II: $6y - 3y = 9$ $3y = 9 \quad \mid : 3$ $\underline{y = 3}$ Berech. des x-Wertes: y = 3 in I' eingesetzt: $x = 3 \cdot 3$ $\underline{x = 9}$	<u>Probe I</u>: $\frac{9}{3} = 3$ $3 = 3$ Probe II: $6 \cdot 3 - 9 = 9$ $18 - 9 = 9$ $9 = 9$
2. I $\frac{48}{x + y} = 4 \quad \mid \cdot (x + y)$ II $\frac{5y}{2x} = 5 \quad \mid \cdot 2x$ I $\frac{48 \cdot (x + y)}{x + y} = 4 \cdot (x + y)$ II $\frac{5y \cdot 2x}{2x} = 5 \cdot 2x$ I' $48 = 4x + 4y$ II $5y = 10x \quad \mid : 5$ II' $y = 2x$	Einsetzung II' in I': $48 = 4x + 4 \cdot 2x$ $48 = 12x \quad \mid$ Seitentausch $12x = 48 \quad \mid : 12$ $\underline{x = 4}$ Berech. des y-Wertes: x = 4 in II' eingesetzt: $y = 2 \cdot 4$ $\underline{y = 8}$	<u>Probe I</u>: $\frac{48}{4 + 8} = 4$ $\frac{48}{12} = 4$ $4 = 4$ <u>Probe II</u>: $\frac{5 \cdot 8}{2 \cdot 4} = 5$ $\frac{40}{8} = 5$ $5 = 5$
3. I $\frac{56}{y - x} = 14 \quad \mid \cdot (y - x)$ II $\frac{9x}{y} = 5 \quad \mid \cdot y$ I $\frac{56 \cdot (y - x)}{y - x} = 14 \cdot (y - x)$ II $\frac{9x - y}{y} = 5y$ I $56 = 14y - 14x \mid + 14x$ $14x + 56 = 14y \quad \mid$ Seitentausch $14y = 14x + 56 \mid : 14$ I' $y = x + 4$ II' $9x = 5y$	Einsetzung I' in II': $9x = 5 \cdot (x + 4)$ $9x = 5x + 20 \quad \mid -5x$ $4x = 20 \quad \mid : 4$ $\underline{x = 5}$ Berech. des y-Wertes: x = 5 in I' eingesetzt: $y = 5 + 4$ $\underline{y = 9}$	<u>Probe I</u>: $\frac{56}{9 - 5} = 14$ $\frac{56}{4} = 14$ $14 = 14$ <u>Probe II</u>: $\frac{9 \cdot 5}{9} = 5$ $5 = 5$

Lösungen

Anwendung verschiedener Verfahren zur Lösung linearer Gleichungssysteme mit 2 Variablen

Aufgaben:

1. I $x = 2y - 1$ II $x + 3y = 19$ Einsetzung I in II: $2y - 1 + 3y = 19$ $5y - 1 = 19 \quad \mid + 1$ $5y = 20 \quad \mid : 5$ $\underline{y = 4}$	Berechnung des x-Wertes: y = 4 in I eingesetzt: $x = 2 \cdot 4 - 1$ $x = 8 - 1$ $\underline{x = 7}$	<u>Probe I</u>: $7 = 2 \cdot 4 - 1$ $7 = 8 - 1$ $7 = 7$ <u>Probe II</u>: $7 + 3 \cdot 4 = 19$ $7 + 12 = 19$ $19 = 19$
2. I $x + y = 49$ II $x - y = 15$ I+II $2x + 0 = 64$ $2x = 64 \quad \mid : 2$ $\underline{x = 32}$	Berechnung des y-Wertes: x = 32 in I eingesetzt: $32 + y = 49 \quad \mid - 32$ $\underline{y = 17}$	<u>Probe I</u>: $32 + 17 = 49$ $49 = 49$ <u>Probe II</u>: $32 - 17 = 15$ $15 = 15$
3. I $y = 5x - 30$ II $y = -3x + 26$ Gleichsetzung I = II: $5x - 30 = -3x + 26 \quad \mid + 30$ $5x = -3x + 56 \quad \mid + 3x$ $8x = 56 \quad \mid : 8$ $\underline{x = 7}$	Berechnung des y-Wertes: x = 7 in I eingesetzt: $y = 5 \cdot 7 - 30$ $y = 35 - 30$ $\underline{y = 5}$	<u>Probe I</u>: $5 = 5 \cdot 7 - 30$ $5 = 35 - 30$ $5 = 5$ <u>Probe II</u>: $5 = -3 \cdot 7 + 26$ $5 = -21 + 26$ $5 = 5$
4. I $4x + 5y = 63$ II $2x + 10y = 114 \quad \mid \cdot (-2)$ I $4x + 5y = 63$ II' $-4x - 20y = -228$ I+II' $0 - 15y = -165$ $-15y = -165 \quad \mid : (-15)$ $\underline{y = 11}$	Berechnung des x-Wertes: y = 11 in I eingesetzt: $4x + 5 \cdot 11 = 63$ $4x + 55 = 63 \quad \mid - 55$ $4x = 8 \quad \mid : 4$ $\underline{x = 2}$	<u>Probe I</u>: $4 \cdot 2 + 5 \cdot 11 = 63$ $8 + 55 = 63$ $63 = 63$ <u>Probe II</u>: $2 \cdot 2 + 10 \cdot 11 = 114$ $4 + 110 = 114$ $114 = 114$
5. I $2{,}5x = y + 14 \quad \mid \cdot 4$ II $10x = 20y + 40$ I' $10x = 4y + 56$ II $10x = 20y + 40$ Gleichsetzung II = I': $20y + 40 = 4y + 56 \quad \mid - 40$ $20y = 4y + 16 \quad \mid - 4y$ $16y = 16 \quad \mid : 16$ $\underline{y = 1}$	Berechnung des x-Wertes: y = 1 in I eingesetzt: $2{,}5x = 1 + 14$ $2{,}5x = 15 \quad \mid : 2{,}5$ $\underline{x = 6}$	<u>Probe I</u>: $2{,}5 \cdot 6 = 1 + 14$ $15 = 15$ <u>Probe II</u>: $10 \cdot 6 = 20 \cdot 1 + 40$ $60 = 20 + 40$ $60 = 60$
6. I $x - 1 = y$ II $x - 6y = -14$ Einsetzung I in II: $x - 6(x - 1) = -14$ $x - 6x + 6 = -14$ $-5x + 6 = -14 \quad \mid - 6$ $-5x = -20 \quad \mid : (-5)$ $\underline{x = 4}$	Berechnung des y-Wertes: x = 4 in I eingesetzt: $4 - 1 = y$ $3 = y$ | Seitentausch $\underline{y = 3}$	<u>Probe I</u>: $4 - 1 = 3$ $3 = 3$ <u>Probe II</u>: $4 - 6 \cdot 3 = -14$ $4 - 18 = -14$ $-14 = -14$
7. I $3x + 7y - 11 = 0 \quad \mid \cdot 2$ II $2x + 5y - 9 = 0 \quad \mid \cdot (-3)$ I' $6x + 14y - 22 = 0$ II' $-6x - 15y + 27 = 0$ I'+II' $0 - y + 5 = 0$ $-y + 5 = 0 \quad \mid - 5$ $-y = -5 \quad \mid \cdot (-1)$ $\underline{y = 5}$	Berechnung des x-Wertes: y = 5 in I eingesetzt: $3x + 7 \cdot 5 - 11 = 0$ $3x + 35 - 11 = 0$ $3x + 24 = 0 \quad \mid - 24$ $3x = -24 \quad \mid : 3$ $\underline{x = -8}$	<u>Probe I</u>: $3 \cdot (-8) + 7 \cdot 5 - 11 = 0$ $-24 + 35 - 11 = 0$ $0 = 0$ <u>Probe II</u>: $2 \cdot (-8) + 5 \cdot 5 - 9 = 0$ $-16 + 25 - 9 = 0$ $0 = 0$

Lösungen

Anwendung verschiedener Verfahren zur Lösung linearer Gleichungssysteme mit 2 Variablen

Aufgaben:

8. I $4x - 14 = y$ II $5y = 2x + 20$ Einsetzung I in II: $5 \cdot (4x - 14) = 2x + 20$ $20x - 70 = 2x + 20 \quad \vert + 70$ $20x = 2x + 90 \quad \vert - 2x$ $18x = 90 \quad \vert : 18$ $\underline{x = 5}$	Berechnung des y-Wertes: x = 5 in I eingesetzt: $4 \cdot 5 - 14 = y$ $20 - 14 = y$ $6 = y$ | Seitentausch $\underline{y = 6}$	Probe I: $4 \cdot 5 - 14 = 6$ $20 - 14 = 6$ $6 = 6$ Probe II: $5 \cdot 6 = 2 \cdot 5 + 20$ $30 = 10 + 20$ $30 = 30$
9. I $6x - 20 = 7y$ | Seitentausch II $7y + 26 = 5x$ | $- 26$ I' $7y = 6x - 20$ II' $7y = 5x - 26$ Gleichsetzung I' = II': $6x - 20 = 5x - 26 \quad \vert + 20$ $6x = 5x - 6 \quad \vert - 5x$ $\underline{x = -6}$	Berechnung des y-Wertes: x = – 6 in I eingesetzt: $6 \cdot (-6) - 20 = 7y$ $-36 - 20 = 7y$ $-56 = 7y$ Seitentausch: $7y = -56 \quad \vert : 7$ $\underline{y = -8}$	Probe I: $6 \cdot (-6) - 20 = 7 \cdot (-8)$ $-36 - 20 = -56$ $-56 = -56$ Probe II: $7 \cdot (-8) + 26 = 5 \cdot (-6)$ $-56 + 26 = -30$ $-30 = -30$
10. I $9(4x + 8) = -24y$ II $5(3y - 2x) = -45$ I $36x + 72 = -24y \quad \vert : 4$ II $15y - 10x = -45 \quad \vert : 5$ I' $9x + 18 = -6y$ II' $3y - 2x = -9 \quad \vert - 3y$ I' $9x + 18 = -6y$ II'' $-2x = -3y - 9 \quad \vert + 9$ I' $9x + 18 = -6y$ II''' $-2x + 9 = -3y \quad \vert \cdot (-2)$	I' $9x + 18 = -6y$ II'''' $4x - 18 = 6y$ I'+II'''' $13x + 0 = 0$ $3x = 0 \quad \vert : 13$ $\underline{x = 0}$ Berechnung des y-Wertes: x = 0 in II eingesetzt: $5 \cdot (3y - 2 \cdot 0) = -45$ $15y - 0 = -45$ $15y = -45 \quad \vert : 15$ $\underline{y = -3}$	Probe I: $9 \cdot (4 \cdot 0 + 8) = -24 \cdot (-3)$ $9 \cdot 0 + 72 = 72$ $72 = 72$ Probe II: $5 \cdot (3 \cdot (-3) - 2 \cdot 0) = -45$ $5 \cdot (-9) - 0 = -45$ $-45 = -45$
11. I $\frac{1}{3}x + \frac{1}{2}y = 0 \quad \vert \cdot 6$ II $\frac{5}{6}x - \frac{3}{4}y = 8 \quad \vert \cdot 12$ I $\frac{6}{3}x + \frac{6}{2}y = 0$ II $\frac{5 \cdot 12}{6}x - \frac{3 \cdot 12}{4}y = 96$ I' $2x + 3y = 0 \quad \vert \cdot (-5)$ II' $10x - 9y = 96$	I'' $-10x - 15y = 0$ II' $10x - 9y = 96$ I''+II' $0 - 24y = 96$ $-24y = 96 \quad \vert : (-24)$ $\underline{y = -4}$ Berechnung des x-Wertes: y = – 4 in I' eingesetzt: $2x + 3 \cdot (-4) = 0$ $2x - 12 = 0 \quad \vert + 12$ $2x = 12 \quad \vert : 2$ $\underline{x = 6}$	Probe I: $\frac{1}{3} \cdot 6 + \frac{1}{2} \cdot (-4) = 0$ $\frac{6}{3} - \frac{4}{2} = 0$ $2 - 2 = 0$ $0 = 0$ Probe II: $\frac{5}{6} \cdot 6 - \frac{3}{4} \cdot (-4) = 8$ $5 + 3 = 8$ $8 = 8$
12. I $\frac{10}{y + x} = 5 \quad \vert \cdot (y + x)$ II $\frac{6y}{x} = -12 \quad \vert \cdot x$ I' $10 = 5 \cdot (y + x)$ II' $6y = -12x \quad \vert : 6$ II'' $y = -2x$ Einsetzung II'' in I': $10 = 5 \cdot (-2x + x)$ $10 = -10x + 5x$ $10 = -5x$ | Seitentausch $-5x = 10 \quad \vert : (-5)$ $\underline{x = -2}$	Berechnung des y-Wertes: x = – 2 in II'' eingesetzt: $y = (-2) \cdot (-2)$ $\underline{y = 4}$	Probe I: $\frac{10}{4 + (-2)} = 5$ $\frac{10}{2} = 5$ $5 = 5$ Probe II: $\frac{6 \cdot 4}{-2} = -12$ $\frac{24}{-2} = -12$ $-12 = -12$

Lösungen

Textaufgaben (I)

Aufgaben:

1. x = Meister; y = Vizemeister I $x + y = 40$ II $x = y + 2$ Einsetzung II in I: $(y + 2) + y = 40$ $2y + 2 = 40 \quad \mid - 2$ $2y = 38 \quad \mid : 2$ $\underline{y = 19}$	Berechnung des x-Wertes: y = 19 in II eingesetzt: $x = 19 + 2$ $\underline{x = 21}$	Probe I: $21 + 19 = 40$ $40 = 40$ Probe II: $21 = 19 + 2$ $21 = 21$
Der Meister gewann 21 Punktspiele, der Vizemeister 19 Punktspiele.		
2. x = Mädchen; y = Jungen I $x + y = 12$ II $x = 3y$ Einsetzung II in I: $3y + y = 12$ $4y = 12 \quad \mid : 4$ $\underline{y = 3}$	Berechnung des x-Wertes: y = 3 in II eingesetzt: $x = 3 \cdot 3$ $\underline{x = 9}$	Probe I: $9 + 3 = 12$ $12 = 12$ Probe II: $9 = 3 \cdot 3$ $9 = 9$
Auf der Geburtstagsfeier befinden sich 9 Mädchen und 3 Jungen.		
3. x = Zahl 1; y = Zahl 2 I $x + y = 51$ II $x - y = 5$ I+II $2x + 0 = 56$ $2x = 56 \quad \mid : 2$ $\underline{x = 28}$	Berechnung des y-Wertes: x = 28 in I eingesetzt: $28 + y = 51 \quad \mid - 28$ $y = 51 - 28$ $\underline{y = 23}$	Probe I: $28 + 23 = 51$ $51 = 51$ Probe II: $28 - 23 = 5$ $5 = 5$
Die beiden gesuchten Zahlen heißen 28 und 23.		
4. x = Ware 1; y = Ware 2 I $x + y = 85$ II $x = 4y$ Einsetzung II in I: $4y + y = 85$ $5y = 85 \quad \mid : 5$ $\underline{y = 17}$	Berechnung des x-Wertes: y = 17 in II eingesetzt: $x = 4 \cdot 17$ $\underline{x = 68}$	Probe I: $68 + 17 = 85$ $85 = 85$ Probe II: $68 = 4 \cdot 17$ $68 = 68$
Die eine Ware wiegt 68 kg, die andere Ware 17 kg.		
5. x = männliche Mitglieder; y = weibliche Mitglieder I $x + y = 460$ II $x = 1{,}5y$ Einsetzung II in I: $1{,}5y + y = 460$ $2{,}5y = 460 \quad \mid : 2{,}5$ $\underline{y = 184}$	Berechnung des x-Wertes: y = 184 in II eingesetzt: $x = 1{,}5 \cdot 184$ $\underline{x = 276}$	Probe I: $276 + 184 = 460$ $460 = 460$ Probe II: $276 = 1{,}5 \cdot 184$ $276 = 276$
Mitglied im Sportverein sind 276 männliche und 184 weibliche Personen.		
6. x = Besucher am Sonntag; y = Besucher am Sonnabend I $x + y = 733$ II $x = y + 49$ Einsetzung II in I: $(y + 49) + y = 733$ $2y + 49 = 733 \quad \mid - 49$ $2y = 684 \quad \mid : 2$ $\underline{y = 342}$	Berechnung des x-Wertes: y = 342 in II eingesetzt: $x = 342 + 49$ $\underline{x = 391}$	Probe I: $391 + 342 = 733$ $733 = 733$ Probe II: $391 = 342 + 49$ $391 = 391$
Am Sonnabend gab es 342 Besucher, am Sonntag 391 Besucher.		
7. x = Person 1; y = Person 2 I $x + y = 1800$ II $\frac{x}{y} = \frac{4}{5} \quad \mid \cdot y$ II' $x = \frac{4}{5}y$ Einsetzung II' in I: $\frac{4}{5}y + y = 1800$ $\frac{9}{5}y = 1800 \quad \mid \cdot \frac{5}{9}$	$y = 1800 \cdot \frac{5}{9}$ $\underline{y = 1000}$ Berechnung des x-Wertes: y = 1000 in II' eingesetzt: $x = \frac{4}{5} \cdot 1000$ $\underline{x = 800}$	Probe I: $800 + 1000 = 1800$ $1800 = 1800$ Probe II: $800/1000 = \frac{4}{5}$ $\frac{4}{5} = \frac{4}{5}$
Die eine Person erhält 800 Euro, die andere Person 1000 Euro.		

Lösungen

Textaufgaben (I)

Aufgaben:

<table>
<tr><td>8. x = Kaffeesorte A; y = Kaffeesorte B
I $x + y = 1000$
II $\frac{x}{y} = \frac{2}{3}$ $| \cdot y$
II' $x = \frac{2}{3}y$
Einsetzung II' in I:
$\frac{2}{3}y + y = 1000$
$\frac{5}{3}y = 1000$ $| \cdot \frac{3}{5}$</td><td>$y = 1000 \cdot \frac{3}{5}$
<u>y = 600</u>

Berechnung des x-Wertes:
y = 600 in II' eingesetzt:
$x = \frac{2}{3} \cdot 600$
<u>x = 400</u></td><td><u>Probe I</u>:
400 + 600 = 1000
1000 = 1000

<u>Probe II</u>:
$400/600 = \frac{2}{3}$
$\frac{2}{3} = \frac{2}{3}$</td></tr>
<tr><td colspan="3">Die Kaffeemischung enthält 400 g der Kaffeesorte A und 600 g der Kaffeesorte B.</td></tr>
<tr><td>9. x = 1. Tag; y = 2. Tag
I $x + y = 40$
II $x : y = \frac{3}{5} : \frac{2}{5}$
$\frac{x}{y} = \frac{3}{5} \cdot \frac{5}{2}$
$\frac{x}{y} = \frac{3}{2}$ $| \cdot y$
II' $x = 1{,}5y$</td><td>Einsetzung II' in I:
$1{,}5y + y = 40$
$2{,}5y = 40$ $| : 2{,}5$
<u>y = 16</u>

Berechnung des x-Wertes:
y = 16 in II' eingesetzt:
$x = 1{,}5 \cdot 16$
<u>x = 24</u></td><td><u>Probe I</u>:
24 + 16 = 40

<u>Probe II</u>:
$\frac{24}{16} = \frac{3}{2}$
$\frac{3}{2} = \frac{3}{2}$</td></tr>
<tr><td colspan="3">Am 1. Tag lief der Sportler 24 km, am 2. Tag 16 km.</td></tr>
<tr><td>10. x = Dreibettzimmer;
y = Vierbettzimmer
I $x + y = 24$
II $y = 1{,}4x$
Einsetzung II in I:
$x + 1{,}4x = 24$
$2{,}4x = 24$ $| : 2{,}4$
<u>x = 10</u></td><td>Berechnung des y-Wertes:
x = 10 in II eingesetzt:
$y = 1{,}4 \cdot 10$
<u>y = 14</u></td><td><u>Probe I</u>:
10 + 14 = 24
24 = 24

<u>Probe II</u>:
$14 = 1{,}4 \cdot 10$
14 = 14</td></tr>
<tr><td colspan="3">10 Dreibettzimmer und 14 Vierbettzimmer stehen zur Verfügung.</td></tr>
</table>

Textaufgaben (II)

Aufgaben:

<table>
<tr><td>1. x = ich; y = Freund
I $x + 3 = y$ $| -3$
II $y + 6 = 2x$
I' $x = y - 3$
Einsetzung I' in II:
$y + 6 = 2 \cdot (y - 3)$
$y + 6 = 2y - 6$ | Seitentausch</td><td>$2y - 6 = y + 6$ $| -y$
$y - 6 = 6$ $| +6$
<u>y = 12</u>

Berechnung des x-Wertes:
y = 12 in I' eingesetzt:
$x = 12 - 3$
<u>x = 9</u></td><td><u>Probe I</u>:
9 + 3 = 12
12 = 12

<u>Probe II</u>:
$12 + 6 = 2 \cdot 9$
18 = 18</td></tr>
<tr><td colspan="3">Ich habe 9 Euro in meinem Portmonee, mein Freund hat 12 Euro in seinem Portmonee.</td></tr>
<tr><td>2. x = 1 Tasse Tee;
y = 1 Stück Kuchen
I $2x + 2y = 9{,}40$
II $y = x + 0{,}30$
Einsetzung II in I:
$2x + 2(x + 0{,}30) = 9{,}40$
$2x + 2x + 0{,}60 = 9{,}40$
$4x + 0{,}60 = 9{,}40$ $| -0{,}60$
$4x = 8{,}80$ $| : 4$
<u>x = 2,20</u></td><td>Berechnung des y-Wertes:
x = 2,20 in II eingesetzt:
$y = 2{,}20 + 0{,}30$
<u>y = 2,50</u></td><td><u>Probe I</u>:
$2 \cdot 2{,}20 + 2 \cdot 2{,}50 = 9{,}40$
4,40 + 5 = 9,40
9,40 = 9,40

<u>Probe II</u>:
2,50 = 2,20 + 0,30
2,50 = 2,50</td></tr>
<tr><td colspan="3">Eine Tasse Tee kostet 2,20 Euro, ein Stück Kuchen 2,50 Euro.</td></tr>
<tr><td>3. x = Durchschnittsge. 1. Std.;
y = Durchschnittsge. 2. Std.;
Durchschnittsge. gesamt: 11 km/2 h
I $(x + y)/2 = 11/2$ $| \cdot 2$
II $x = y + 1{,}5$
I' $x + y = 11$
Einsetzung II in I':
$(y + 1{,}5) + y = 11$</td><td>$2y + 1{,}5 = 11$ $| -1{,}5$
$2y = 9{,}5$ $| : 2$
<u>y = 4,75</u>

Berechnung des x-Wertes:
y = 4,75 in II eingesetzt:
$x = 4{,}75 + 1{,}5$
<u>x = 6,25</u></td><td><u>Probe I</u>:
6,25 + 4,75 = 11
11 = 11

<u>Probe II</u>:
6,25 = 4,75 + 1,5
6,25 = 6,25</td></tr>
<tr><td colspan="3">In der 1. Std. betrug die Durchschnittsgeschwindigkeit 6,25 km/h, in der 2. Std. 4,75 km/h.</td></tr>
</table>

Lösungen

Textaufgaben (II)

Aufgaben:

<table>
<tr><td>4. x = Mutter; y = Tochter
I $x + y = 48 \quad | - y$
II $x + 12 = 2 \cdot (y + 12)$
I' $x = 48 - y$
Einsetzung I' in II:
$(48 - y) + 12 = 2 \cdot (y + 12)$
$60 - y = 2y + 24 \quad |$ Seitentausch</td><td>$2y + 24 = 60 - y \quad | + y$
$3y + 24 = 60 \quad | - 24$
$3y = 36 \quad | : 3$
$\underline{y = 12}$
Berechnung des x-Wertes:
y = 12 in I' eingesetzt:
$x = 48 - 12$
$\underline{x = 36}$</td><td><u>Probe I</u>:
$36 + 12 = 48$
$48 = 48$
<u>Probe II</u>:
$36 + 12 = 2 \cdot (12 + 12)$
$48 = 2 \cdot 24$
$48 = 48$</td></tr>
<tr><td colspan="3">Zurzeit ist die Mutter 36 Jahre alt, die Tochter 12 Jahre.</td></tr>
<tr><td>5. I $55 + \beta + \gamma = 180$
II $\gamma = 1{,}5\beta$
Einsetzung II in I:
$55 + \beta + 1{,}5\beta = 180$
$55 + 2{,}5\beta = 180 \quad | - 55$
$2{,}5\beta = 125 \quad | : 2{,}5$
$\underline{\beta = 50}$</td><td>Berechnung von γ:
β = 50 in II eingesetzt:
$\gamma = 1{,}5 \cdot 50$
$\underline{\gamma = 75}$</td><td><u>Probe I</u>:
$55 + 50 + 75 = 180$
$180 = 180$
<u>Probe II</u>:
$75 = 1{,}5 \cdot 50$
$75 = 75$</td></tr>
<tr><td colspan="3">Der Winkel β ist 50° groß, der Winkel γ 75°.</td></tr>
<tr><td>6. $\alpha = \beta$
I $\alpha + \beta + \gamma = 180$
$2\alpha + \gamma = 180$
II $\gamma = 2\alpha$
Einsetzung II in I:
$2\alpha + 2\alpha = 180$
$4\alpha = 180 \quad | : 4$
$\underline{\alpha = 45}$</td><td>Berechnung von γ:
α = 45 in II eingesetzt:
$\gamma = 2 \cdot 45$
$\underline{\gamma = 90}$</td><td><u>Probe I</u>:
$2 \cdot 45 + 90 = 180$
$180 = 180$
<u>Probe II</u>:
$90 = 2 \cdot 45$
$90 = 90$</td></tr>
<tr><td colspan="3">Die Winkel α und β sind jeweils 45° groß, der Winkel γ 90° groß.</td></tr>
<tr><td>7. a = Länge des Rechtecks;
b = Breite des Rechtecks
I $2a + 2b = 40$
II $a = b + 4$
Einsetzung II in I:
$2 \cdot (b + 4) + 2b = 40$
$2b + 8 + 2b = 40$</td><td>$4b + 8 = 40 \quad | - 8$
$4b = 32 \quad | : 4$
$\underline{b = 8}$
Berechnung des a-Wertes:
b = 8 in II eingesetzt:
$a = 8 + 4$
$\underline{a = 12}$</td><td><u>Probe I</u>:
$2 \cdot 12 + 2 \cdot 8 = 40$
$24 + 16 = 40$
$40 = 40$
<u>Probe II</u>:
$12 = 8 + 4$
$12 = 12$</td></tr>
<tr><td colspan="3">Das Rechteck ist 12 cm lang und 8 cm breit.</td></tr>
<tr><td>8. x = Erwachsene; y = Kinder
I $x + y = 96 \quad | - y$
II $6x + 3y = 474$
I' $x = 96 - y$
Einsetzung I' in II:
$6 \cdot (96 - y) + 3y = 474$
$576 - 6y + 3y = 474$</td><td>$576 - 3y = 474 \quad | - 576$
$-3y = -102 \quad | : (-3)$
$\underline{y = 34}$
Berechnung des x-Wertes:
y = 34 in I' eingesetzt:
$x = 96 - 34$
$\underline{x = 62}$</td><td><u>Probe I</u>:
$62 + 34 = 96$
$96 = 96$
<u>Probe II</u>:
$6 \cdot 62 + 3 \cdot 34 = 474$
$372 + 102 = 474$
$474 = 474$</td></tr>
<tr><td colspan="3">62 Erwachsene sowie 34 Kinder bzw. Jugendliche besuchten das Museum.</td></tr>
<tr><td>9. x = Eigenge. des Schiffes;
y = Strömungsge. des Wassers
I $x + y = 28$
II $x - y = 25 \quad | + y$
II' $x = y + 25$
Einsetzung II' in I:
$(y + 25) + y = 28$</td><td>$2y + 25 = 28 \quad | - 25$
$2y = 3 \quad | : 2$
$\underline{y = 1{,}5}$
Berechnung des x-Wertes:
y = 1,5 in II' eingesetzt:
$x = 1{,}5 + 25$
$\underline{x = 26{,}5}$</td><td><u>Probe I</u>:
$26{,}5 + 1{,}5 = 28$
$28 = 28$
<u>Probe II</u>:
$26{,}5 - 1{,}5 = 25$
$25 = 25$</td></tr>
<tr><td colspan="3">Die Strömungsgeschwindigkeit beträgt 1,5 km/h, die Geschwindigkeit des Schiffes 26,5 km/h.</td></tr>
<tr><td>10. x = 1. Radfahrer; y = 2. Radfahrer
I $x \cdot \frac{25}{60} = y \cdot \frac{20}{60} \quad | \cdot 60$
II $x = y - 4$
I' $25x = 20y$
Einsetzung II in I':
$25\,(y - 4) = 20y$
$25y - 100 = 20y \quad | - 20y$</td><td>$5y - 100 = 0 \quad | + 100$
$5y = 100 \quad | : 5$
$\underline{y = 20}$
Berechnung des x-Wertes:
y = 20 in II eingesetzt:
$x = 20 - 4$
$\underline{x = 16}$</td><td><u>Probe I</u>:
$16 \cdot \frac{25}{60} = 20 \cdot \frac{20}{60} \quad | \cdot 60$
$16 \cdot 25 = 20 \cdot 20$
$400 = 400$
<u>Probe II</u>:
$16 = 20 - 4$
$16 = 16$</td></tr>
<tr><td colspan="3">Der 1. Radfahrer fuhr durchschnittlich 16 km/h, der 2. Radfahrer durchschnittlich 20 km/h.</td></tr>
</table>

Lösungen

Test A: Lineare Gleichungssysteme mit 2 Variablen

Aufgaben:

1. Koeffizient

2. Die 2 berechneten Werte für die 2 Variablen werden in die Ausgangsgleichungen eingesetzt. Ausgerechnet wird, ob der Gesamtwert der linken Seite dem Gesamtwert der rechten Seite der jeweiligen Gleichung entspricht.

3. $(-15) \cdot 7 = -105$

4. das Additionsverfahren

5. das Gleichsetz(ungs)verfahren

6. das Einsetz(ungs)verfahren

7. Einsetz(ungs)verfahren:

a) Sofern noch nicht geschehen, Auflösung einer Gleichung nach einer Variablen (z. B. x oder y);

b) Einsetzung des für diese Variable erhaltenen Terms in die andere Gleichung und Berechnung des Wertes der 1. Variablen;

c) Berechnung des Wertes der 2. Variablen durch Einsetzung des zuerst berechneten Wertes in eine Ausgangsgleichung;

d) Durchführung von 2 Proben durch Einsetzung der beiden berechneten Werte in die zwei Ausgangsgleichungen und Prüfung auf Gleichheit

8.

I $y = 2x + 2$ II $y - 5x = -1$ $\quad$ $\mid +5x$ I $y = 2x + 2$ II' $y = 5x - 1$ Gleichsetzung II' = I: $5x - 1 = 2x + 2$ $\quad$ $\mid +1$ $5x = 2x + 3$ $\quad$ $\mid -2x$	$3x = 3$ $\quad$ $\mid :3$ $\underline{x = 1}$ Berechnung des y-Wertes: x = 1 in I eingesetzt: $y = 2 \cdot 1 + 2$ $y = 2 + 2$ $\underline{y = 4}$	Probe I: $4 = 2 \cdot 1 + 2$ $4 = 2 + 2$ $4 = 4$ Probe II: $4 - 5 \cdot 1 = -1$ $4 - 5 = -1$ $-1 = -1$

9.

I $3x = 4y - 17$ II $y + 7 = 3x$ Gleichsetzung I = II: $4y - 17 = y + 7$ $\quad$ $\mid +17$ $4y = y + 24$ $\quad$ $\mid -y$ $3y = 24$ $\quad$ $\mid :3$ $\underline{y = 8}$	Berechnung des x-Wertes: y = 8 in I eingesetzt: $3x = 4 \cdot 8 - 17$ $3x = 32 - 17$ $3x = 15$ $\mid :3$ $\underline{x = 5}$	Probe I: $3 \cdot 5 = 4 \cdot 8 - 17$ $15 = 32 - 17$ $15 = 15$ Probe II: $8 + 7 = 3 \cdot 5$ $15 = 15$

10. Additionsverfahren:

a) Sofern noch nicht geschehen, Umformung einer bzw. beider Gleichungen durch Multiplikation(en), sodass sich in beiden Gleichungen die gleiche Variable mit demselben Koeffizienten ergibt, einmal positiv, einmal negativ;

b) Addition beider Gleichungen, wobei eine Variable wegfällt, anschließend Berechnung des Wertes der 1. Variablen;

c) Berechnung des Wertes der 2. Variablen durch Einsetzung des zuerst berechneten Wertes in eine Ausgangsgleichung;

d) Durchführung von 2 Proben durch Einsetzung der beiden berechneten Werte in die zwei Ausgangsgleichungen und Prüfung auf Gleichheit

11.

I $y + 2x = 6$ II $y - 2x = 2$ I+II $2y + 0 = 8$ $2y = 8$ $\quad$ $\mid :2$ $\underline{y = 4}$	Berechnung des x-Wertes: y = 4 in I eingesetzt: $4 + 2x = 6$ $\quad$ $\mid -4$ $2x = 2$ $\quad$ $\mid :2$ $\underline{x = 1}$	Probe I: $4 + 2 \cdot 1 = 6$ $4 + 2 = 6$ $6 = 6$ Probe II: $4 - 2 \cdot 1 = 2$ $4 - 2 = 2$ $2 = 2$

Lösungen

Test A: Lineare Gleichungssysteme mit 2 Variablen

Aufgabe: **12.**

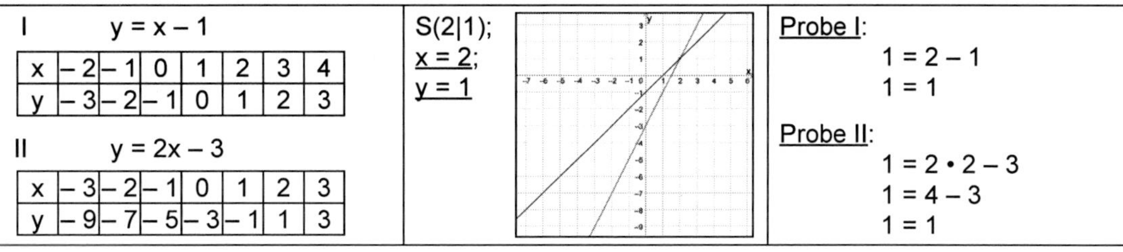

I y = x – 1 x: – 2, – 1, 0, 1, 2, 3, 4 y: – 3, – 2, – 1, 0, 1, 2, 3 II y = 2x – 3 x: – 3, – 2, – 1, 0, 1, 2, 3 y: – 9, – 7, – 5, – 3, – 1, 1, 3	S(2|1); <u>x = 2</u>; <u>y = 1</u>	<u>Probe I</u>: 1 = 2 – 1 1 = 1 <u>Probe II</u>: 1 = 2 • 2 – 3 1 = 4 – 3 1 = 1

13.

I 3 (x + y) = 15 II (2x – 4) 2 = 2y I 3x + 3y = 15 II 4x – 8 = 2y | – 2y + 8 I 3x + 3y = 15 | • 2 II' 4x – 2y = 8 | • 3 I' 6x + 6y = 30 II" 12x – 6y = 24 I'+II" 18x + 0 = 54 | : 18 <u>x = 3</u>	Berechnung des y-Wertes: x = 3 in I eingesetzt: 3 • 3 + 3y = 15 9 + 3y = 15 | – 9 3y = 6 | : 3 <u>y = 2</u>	<u>Probe I</u>: 3 • (3 + 2) = 15 3 • 5 = 15 15 = 15 <u>Probe II</u>: (2 • 3 – 4) • 2 = 2 • 2 (6 – 4) • 2 = 4 2 • 2 = 4 4 = 4

14.

I $\frac{1}{2}x - \frac{1}{5}y = 2$ | • 10 II $\frac{54}{x + y} = 3$ | • (x + y) I $\frac{10}{2}x - \frac{10}{5}y = 20$ II $\frac{54 \cdot (x + y)}{x + y} = 3 \cdot (x + y)$ I 5x – 2y = 20 II 54 = 3x + 3y | Seitentausch I' 5x – 2y = 20 | • 3 II' 3x + 3y = 54 | • 2	I" 15x – 6y = 60 II" 6x + 6y = 108 I"+II" 21x + 0 = 168 21x = 168 | : 21 <u>x = 8</u> Berechnung des y-Wertes: x = 8 in I' eingesetzt: 5 • 8 – 2y = 20 | – 40 – 2y = – 20 | : (– 2) <u>y = 10</u>	<u>Probe I</u>: $\frac{1}{2} \cdot 8 - \frac{1}{5} \cdot 10 = 2$ 4 – 2 = 2 2 = 2 <u>Probe II</u>: $\frac{54}{8 + 10} = 3$ $\frac{54}{18} = 3$ 3 = 3

15.

I 8x + 9y = 76 II 4y – 2x = 56 | • 4 I 8x + 9y = 76 II' – 8x + 16y = 224 I+II' 0 + 25y = 300 25y = 300 | : 25 <u>y = 12</u>	Berechnung des x-Wertes: y = 12 in I eingesetzt: 8x + 9 • 12 = 76 8x + 108 = 76 | – 108 8x = – 32 | : 8 <u>x = – 4</u>	<u>Probe I</u>: 8 • (– 4) + 9 • 12 = 76 – 32 + 108 = 76 76 = 76 <u>Probe II</u>: 4 • 12 – 2 • (– 4) = 56 48 + 8 = 56 56 = 56

16.

x = Lehrerinnen; y = Lehrer I x + y = 39 II x = 1,6y Einsetzung II in I: 1,6y + y = 39 2,6y = 39 | : 2,6 <u>y = 15</u>	Berechnung des x-Wertes: y = 15 in II eingesetzt: x = 1,6 • 15 <u>x = 24</u> 24 Lehrerinnen und 15 Lehrer unterrichten in der Schule.	<u>Probe I</u>: 24 + 15 = 39 39 = 39 <u>Probe II</u>: 24 = 1,6 • 15 24 = 24

Test B: Lineare Gleichungssysteme mit 2 Variablen

Aufgabe:

1. Variable
2. Auf der linken Seite der Gleichung sollte die jeweilige Variable stehen, auf der rechten Seite der Wert dieser Variablen.
3. 14 • (– 8) = – 112
4. das Einsetz(ungs)verfahren
5. das Additionsverfahren
6. das Gleichsetz(ungs)verfahren

Lösungen

Test B: Lineare Gleichungssysteme mit 2 Variablen

Aufgaben: **7.** **a)** Sofern noch nicht geschehen, Auflösung beider Gleichungen nach derselben Variablen mit dem gleichen Koeffizienten;
b) Gleichsetzung der Terme und Berechnung des Wertes der 1. Variablen;
c) Berechnung des Wertes der 2. Variablen durch Einsetzung des zuerst berechneten Wertes in eine Ausgangsgleichung;
d) Durchführung von 2 Proben durch Einsetzung der beiden berechneten Werte in die zwei Ausgangsgleichungen und Prüfung auf Gleichheit

8.

I $2y = 3x - 8$ II $x + 4 = 2y$ | Seitentausch I $2y = 3x - 8$ II $2y = x + 4$ Gleichsetzung I = II: $3x - 8 = x + 4$ | + 8 $3x = x + 12$ | − x $2x = 12$ | : 2 $\underline{x = 6}$	Berechnung des y-Wertes: x = 6 in I eingesetzt: $2y = 3 \cdot 6 - 8$ $2y = 18 - 8$ $2y = 10$ | : 2 $\underline{y = 5}$	<u>Probe I</u>: $2 \cdot 5 = 3 \cdot 6 - 8$ $10 = 18 - 8$ $10 = 10$ <u>Probe II</u>: $6 + 4 = 2 \cdot 5$ $10 = 10$

9.

I $y = 3x - 3$ II $y - x = 1$ | + x I $y = 3x - 3$ II' $y = x + 1$ Gleichsetzung I = II': $3x - 3 = x + 1$ | + 3 $3x = x + 4$ | − x $2x = 4$ | : 2 $\underline{x = 2}$	Berechnung des y-Wertes: x = 2 in I eingesetzt: $y = 3 \cdot 2 - 3$ $y = 6 - 3$ $\underline{y = 3}$	<u>Probe I</u>: $3 = 3 \cdot 2 - 3$ $3 = 6 - 3$ $3 = 3$ <u>Probe II</u>: $3 - 2 = 1$ $1 = 1$

10. Beschreibe die Schritte des zeichnerischen Verfahrens kurz in Stichwörtern!

a) Sofern noch nicht geschehen, Auflösung der beiden Gleichungen nach y;
b) Erstellung einer Wertetabelle für jede Funktionsgleichung;
c) Eintragung der Punkte der Wertetabellen in das Koordinatensystem; pro Funktionsgleichung Verbindung der eingetragenen Punkte zu einer Geraden (= Graph);
d) Ablesen des Schnittpunktes (x-Wert und y-Wert als Lösung) der zwei Geraden;
e) Rechnerische Durchführung von 2 Proben durch Einsetzung der beiden berechneten Werte in die zwei Ausgangsgleichungen und Prüfung auf Gleichheit

11. Ermittle die Werte der beiden Variablen zeichnerisch und mache rechnerisch die Proben:

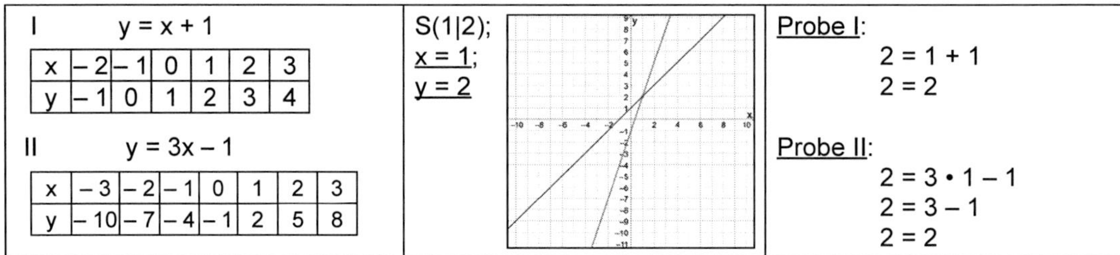

I $y = x + 1$

x	−2	−1	0	1	2	3
y	−1	0	1	2	3	4

II $y = 3x - 1$

x	−3	−2	−1	0	1	2	3
y	−10	−7	−4	−1	2	5	8

S(1|2); $\underline{x = 1}$; $\underline{y = 2}$

<u>Probe I</u>:
$2 = 1 + 1$
$2 = 2$

<u>Probe II</u>:
$2 = 3 \cdot 1 - 1$
$2 = 3 - 1$
$2 = 2$

12.

I $y + 3x = 14$ II $y - 3x = -4$ I+II $2y + 0 = 10$ $2y = 10$ | : 2 $\underline{y = 5}$	Berechnung des x-Wertes: y = 5 in I eingesetzt: $5 + 3x = 14$ | − 5 $3x = 9$ | : 3 $\underline{x = 3}$	<u>Probe I</u>: $5 + 3 \cdot 3 = 14$ $5 + 9 = 14$ $14 = 14$ <u>Probe II</u>: $5 - 3 \cdot 3 = -4$ $5 - 9 = -4$ $-4 = -4$

Lösungen

Test B: Lineare Gleichungssysteme mit 2 Variablen

Aufgaben: **13.**

I $4(x + y) = 20$ II $(2y – 2) 3 = 6x$ I' $4x + 4y = 20$ II' $6y – 6 = 6x$ | : 6 II'' $y – 1 = x$ | + 1 II''' $y = x + 1$ Einsetzung II''' in I': $4x + 4 \cdot (x + 1) = 20$ $4x + 4x + 4 = 20$	$8x + 4 = 20$ | – 4 $8x = 16$ | : 8 $\underline{x = 2}$ Berechnung des y-Wertes: x = 2 in II''' eingesetzt: $y = 2 + 1$ $\underline{y = 3}$	<u>Probe I</u>: $4 \cdot (2 + 3) = 20$ $4 \cdot 5 = 20$ $20 = 20$ <u>Probe II</u>: $(2 \cdot 3 – 2) \cdot 3 = 6 \cdot 2$ $(6 – 2) \cdot 3 = 12$ $4 \cdot 3 = 12$ $12 = 12$

14.

I $\frac{1}{2}x + \frac{1}{3}y = 9$ | • 6 II $\frac{14}{y - x} = 7$ | • (y – x) I $\frac{6}{2}x + \frac{6}{3}y = 54$ II $\frac{14 \cdot (y - x)}{y - x} = 7 \cdot (y – x)$ I' $3x + 2y = 54$ II' $14 = 7y – 7x$ | Seitentausch I' $3x + 2y = 54$ | • 7 II' $– 7x + 7y = 14$ | • 3	I'' $21x + 14y = 378$ II'' $– 21x + 21y = 42$ $0 + 35y = 420$ $35y = 420$ | : 35 $\underline{y = 12}$ Berechnung des x-Wertes: y = 12 in I' eingesetzt: $3x + 2 \cdot 12 = 54$ | – 24 $3x = 30$ | : 3 $\underline{x = 10}$	<u>Probe I</u>: $\frac{1}{2} \cdot 10 + \frac{1}{3} \cdot 12 = 9$ $5 + 4 = 9$ $9 = 9$ <u>Probe II</u>: $\frac{14}{12 - 10} = 7$ $\frac{14}{2} = 7$ $7 = 7$

15.

I $6x + 7y = 65$ II $5y – 3x = 61$ I $6x + 7y = 65$ II $– 3x + 5y = 61$ | • 2 I $6x + 7y = 65$ II' $– 6x + 10y = 122$ I+II' $0 + 17y = 187$ $17y = 187$ | : 17 $\underline{y = 11}$	Berechnung des x-Wertes: y = 11 in I eingesetzt: $6x + 7 \cdot 11 = 65$ $6x + 77 = 65$ | – 77 $6x = – 12$ | : 6 $\underline{x = – 2}$	<u>Probe I</u>: $6 \cdot (– 2) + 7 \cdot 11 = 65$ $– 12 + 77 = 65$ $65 = 65$ <u>Probe II</u>: $5 \cdot 11 – 3 \cdot (– 2) = 61$ $55 + 6 = 61$ $61 = 61$

16.

x = Männer; y = Frauen I $x + y = 85$ II $x = 1{,}5y$ Einsetzung II in I: $1{,}5y + y = 85$ $2{,}5y = 85$ | : 2,5 $\underline{y = 34}$	Berechnung des x-Wertes: y = 34 in II eingesetzt: $x = 1{,}5 \cdot 34$ $\underline{x = 51}$ 51 Männer und 34 Frauen sind in der Firma tätig.	<u>Probe I</u>: $51 + 34 = 85$ $85 = 85$ <u>Probe II</u>: $51 = 1{,}5 \cdot 34$ $51 = 51$

Was kannst du? – Lernerfolgskontrolle A1

Aufgaben:

1. (nur) die Grundrechenarten: Addition (+); Subtraktion (–); Multiplikation (•); Division (:)
2. zur Berechnung der Werte von Variablen.
3. $8 \cdot (– 12) = – 96$
4. graphisches Verfahren
5. Die Terme zweier Gleichungen werden gleichgesetzt.
6. • Beiden Gleichungen sind schon nach derselben Variablen mit dem gleichen Koeffizienten aufgelöst.
   • Die zwei Gleichungen lassen sich einfach und schnell nach derselben Variablen mit dem gleichen Koeffizienten auflösen.
7. I $y = 5x – 30$
   II $y = – 3x + 26$
   Gleichsetzung I = II:
   $5x – 30 = – 3x + 26$ \| + 30 + 3x
   $8x = 56$ \| : 8
   $\underline{x = 7}$

   x = 7 in I eingesetzt:
   $y = 5 \cdot 7 – 30$
   $\underline{y = 5}$

   P I: $5 = 5 \cdot 7 – 30$
   P II: $5 = – 3 \cdot 7 + 26$
8. Der Term für eine Variable wird in die andere Gleichung eingesetzt.

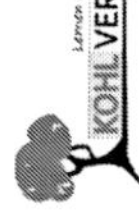

Lösungen

9.
- Eine der beiden Gleichungen ist bereits nach einer Variablen aufgelöst.
- Eine der zwei Gleichungen lässt sich einfach und schnell nach einer Variablen auflösen.

10.
I $x = 5y - 1$
II $y = 3x - 25$
Einsetzung I in II:
$y = 3 \cdot (5y - 1) - 25$
$y = 15y - 3 - 25$
$y = 15y - 28 \quad | + 28 - y$
$28 = 14y \quad | : 14$

$2 = y \quad |$ Seitentausch
$\underline{y = 2}$
y = 2 in I eingesetzt:
$x = 5 \cdot 2 - 1$
$x = 10 - 1$
$\underline{x = 9}$

P I: $9 = 5 \cdot 2 - 1$
P II: $2 = 3 \cdot 9 - 25$

Was kannst du? – Lernerfolgskontrolle A2

Aufgaben:

11. Beide Gleichungen werden addiert, wobei eine Variable wegfällt.

12. **a)** Eine Variable hat in beiden Gleichungen denselben Koeffizienten, einmal positiv, einmal negativ.
b) Durch einfache Multiplikation(en) kann Fall a) bewirkt werden.

13.
I $x + y = 49$
II $x - y = 15$
I+II $2x + 0 = 64$
$2x = 64 \quad | : 2$
$\underline{x = 32}$

x = 32 in I eingesetzt:
$32 + y = 49 \quad | - 32$
$\underline{y = 17}$

P I: $32 + 17 = 49$
P II: $32 - 17 = 15$

14. Beide Variablen müssen nach y aufgelöst sein oder aufgelöst werden.

15. I $y = 2x + 1$

x	–2	–1	0	1	2
y	–3	–1	1	3	5

II $y = x + 2$

x	–2	–1	0	1	2
y	0	1	2	3	4

S(1|3); $\underline{x = 1}$; $\underline{y = 3}$

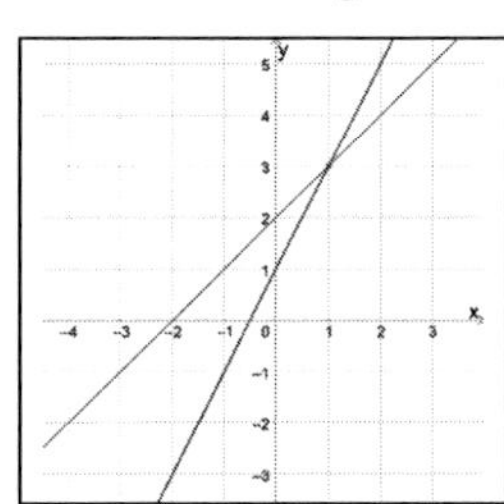

P I: $3 = 2 \cdot 1 + 1$
P II: $3 = 1 + 2$

16.

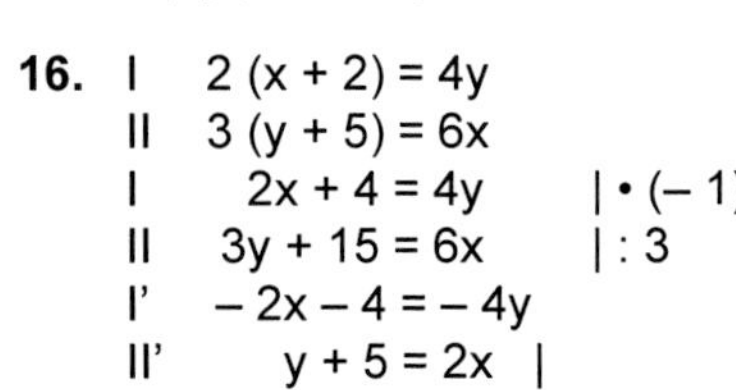

I $2(x + 2) = 4y$
II $3(y + 5) = 6x$
I $2x + 4 = 4y \quad | \cdot (-1)$
II $3y + 15 = 6x \quad | : 3$
I' $-2x - 4 = -4y$
II' $y + 5 = 2x \quad |$
Seitentausch:
I' $-2x - 4 = -4y$
II'' $2x = y + 5$
I''+II'' $-4 = -3y + 5 \quad | +3y+$

$3y = 9 \quad | : 3$
$\underline{y = 3}$
y = 3 in II' eingesetzt:
$2x = 3 + 5 \quad | : 2$
$\underline{x = 4}$

P I: $2(4 + 2) = 4 \cdot 3$
P II: $3(3 + 5) = 6 \cdot 4$

17.

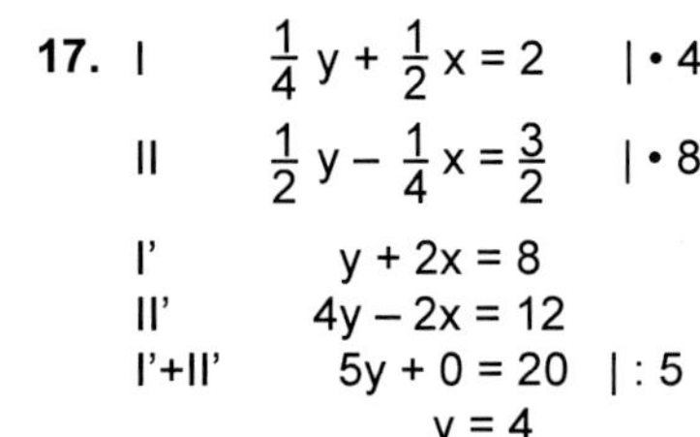

I $\frac{1}{4}y + \frac{1}{2}x = 2 \quad | \cdot 4$
II $\frac{1}{2}y - \frac{1}{4}x = \frac{3}{2} \quad | \cdot 8$
I' $y + 2x = 8$
II' $4y - 2x = 12$
I'+II' $5y + 0 = 20 \quad | : 5$
$\underline{y = 4}$

y = 4 in I' eingesetzt:
$4 + 2x = 8 \quad | - 4$
$2x = 4 \quad | : 2$
$\underline{x = 2}$

P I: $\frac{1}{4} \cdot 4 + \frac{1}{2} \cdot 2 = 2$
$1 + 1 = 2$
P II: $\frac{1}{2} \cdot 4 - \frac{1}{4} \cdot 2 = \frac{3}{2}$
$2 - 0{,}5 = 1{,}5$

18.

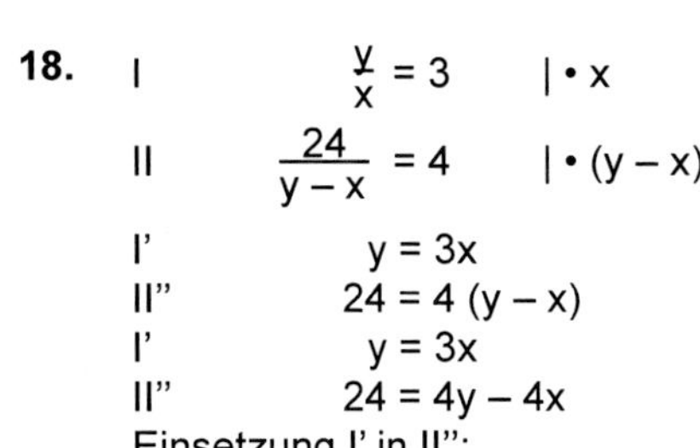

I $\frac{y}{x} = 3 \quad | \cdot x$
II $\frac{24}{y - x} = 4 \quad | \cdot (y - x)$
I' $y = 3x$
II'' $24 = 4(y - x)$
I' $y = 3x$
II'' $24 = 4y - 4x$
Einsetzung I' in II'':
$24 = 4 \cdot 3x - 4x$

$24 = 8x \quad | : 8$
$\underline{x = 3}$

x = 3 in I' eingesetzt:
$y = 3 \cdot 3$
$\underline{y = 9}$

P I: $\frac{9}{3} = 3$
P II: $\frac{24}{9 - 3} = 4$

Lineare Gleichungssysteme mit 2 Variablen
Step by Step – Bestell-Nr. 12 812
KOHL VERLAG Lernen mit Erfolg

Lösungen

Was kannst du? – Lernerfolgskontrolle A2

Aufgaben:

19.

$$\begin{array}{lrl} \text{I} & 4x + 3y = 22 & \mid \cdot 4 \\ \text{II} & 7x - 4y = 57 & \mid \cdot 3 \\ \text{I'} & 16x + 12y = 88 & \\ \text{II'} & 21x - 12y = 171 & \\ \text{I'+II'} & 37x + 0 = 259 & \mid : 37 \\ & \underline{x = 7} & \end{array}$$

x = 7 in I eingesetzt:

$$\begin{array}{rl} 4 \cdot 7 + 3y = 22 & \mid - 28 \\ 3y = -6 & \mid : 3 \\ \underline{y = -2} & \end{array}$$

P I:

$$4 \cdot 7 + 3 \cdot (-2) = 22$$
$$28 - 6 = 22$$

P II:

$$7 \cdot 7 - 4 \cdot (-2) = 57$$
$$49 + 8 = 57$$

20. x = 6 Getränke; y = Pfand

$$\begin{array}{ll} \text{I} & x + y = 6{,}9 \\ \text{II} & x = y + 3{,}9 \end{array}$$

Einsetzung II in I:

$$\begin{array}{rl} (y + 3{,}9) + y = 6{,}9 & \\ 2y + 3{,}9 = 6{,}9 & \mid - 3{,}9 \\ 2y = 3 & \mid : 2 \\ \underline{y = 1{,}5} & \end{array}$$

y = 1,5 in II eingesetzt:

$$x = 1{,}5 + 3{,}9$$
$$\underline{x = 5{,}4}$$

Die 6 Getränke kosten 5,40 Euro und das Pfand kostet 1,50 Euro.

P I: $5{,}4 + 1{,}5 = 6{,}9$

P II: $5{,}4 = 1{,}5 + 3{,}9$

Was kannst du? – Lernerfolgskontrolle B1

Aufgaben:

1. Die Gleichungen müssen umgeformt werden, nach der jeweils gesuchten Variablen aufgelöst werden.
2. Auf beiden Seiten der Gleichung muss immer dieselbe Rechenoperation durchgeführt werden.
3. $(-9) \cdot (-13) = 117$
4.
   - Gleichsetz(ungs)verfahren (= Komparationsverfahren),
   - Einsetz(ungs)verfahren (= Substitutionsverfahren),
   - Additionsverfahren,
   - zeichnerisches Verfahren (= graphisches Verfahren)
5. Beide Gleichungen müssen nach derselben Variablen mit dem gleichen Koeffizienten aufgelöst sein bzw. aufgelöst werden.
6.
   - Beide Gleichungen sind schon nach derselben Variablen mit dem gleichen Koeffizienten aufgelöst.
   - Die zwei Gleichungen lassen sich einfach und schnell nach denselben Variablen mit dem gleichen Koeffizienten auflösen.
7.

$$\begin{array}{lrl} \text{I} & 2{,}5x = y + 14 & \mid \cdot 4 \\ \text{II} & 20y + 40 = 10x & \\ \text{I'} & 10x = 4y + 56 & \\ \text{II} & 10x = 20y + 40 & \end{array}$$

Gleichsetzung II = I':

$$\begin{array}{rl} 20y + 40 = 4y + 56 & \mid - 40 \\ 20y = 4y + 16 & \mid - 4y \\ 16y = 16 & \mid : 16 \\ \underline{y = 1} & \end{array}$$

y = 1 in I eingesetzt:

$$\begin{array}{rl} 2{,}5x = 1 + 14 & \\ 2{,}5x = 15 & \mid : 2{,}5 \\ \underline{x = 6} & \end{array}$$

P I: $2{,}5 \cdot 6 = 1 + 14$

$15 = 15$

P II: $20 \cdot 1 + 40 = 10 \cdot 6$

8. Der Term für eine Variable wird in die andere Gleichung eingesetzt. Danach wird der Wert der Variablen berechnet.
9.
   - Eine der beiden Gleichungen ist bereits nach einer Variablen aufgelöst.
   - Eine der zwei Gleichungen lässt sich einfach und schnell nach einer Variablen auflösen.
10.

$$\begin{array}{lrl} \text{I} & 5y = 20 + 15x & \mid : 5 \\ \text{II} & 5x + y = 28 & \\ \text{I'} & y = 4 + 3x & \end{array}$$

Einsetzung I' in II :

$$\begin{array}{rl} 5x + (4 + 3x) = 28 & \\ 8x + 4 = 28 & \mid - 4 \\ 8x = 24 & \mid : 8 \\ \underline{x = 3} & \end{array}$$

x = 3 in I' eingesetzt:

$y = 4 + 3 \cdot 3$

$y = 4 + 9$

(Punkt vor Strich)

$\underline{y = 13}$

P I: $5 \cdot 13 = 20 + 15 \cdot 3$

P II: $5 \cdot 3 + 13 = 28$

Lösungen

Was kannst du? – Lernerfolgskontrolle B2

Aufgaben:

11. In beiden Gleichungen muss eine Variable mit demselben Koeffizienten vorhanden sein, das eine Mal positiv, das andere Mal negativ.

12. **a)** Eine Variable hat in beiden Gleichungen denselben Koeffizienten, einmal positiv, einmal negativ.

b) Durch einfache Multiplikation(en) kann Fall a) bewirkt werden.

13.

I $3x + 4y = 37$
II $5x - 2y = 27 \quad | \cdot 2$
I $3x + 4y = 37$
II' $10x - 4y = 54$
I+II' $13x + 0 = 91$
$13x = 91 \quad | : 13$
$\underline{x = 7}$

x = 7 in I eingesetzt:
$3 \cdot 7 + 4y = 37$
$21 + 4y = 37 \quad | - 21$
$4y = 16 \quad | : 4$
$\underline{y = 4}$
P I: $3 \cdot 7 + 4 \cdot 4 = 37$
$21 + 16 = 37$
P II: $5 \cdot 7 - 2 \cdot 4 = 27$
$35 - 8 = 27$

14. Ins Koordinatensystem eingezeichnete Funktionsgleichungen bezeichnet man als Graphen.

15. I $y = x - 3$

x	– 2	– 1	0	1	2
y	– 5	– 4	– 3	– 2	– 1

II $2x - 6 = y$

x	– 2	– 1	0	1	2
y	– 10	– 8	– 6	– 4	– 2

S(3|0); $\underline{x = 3}$; $\underline{y = 0}$

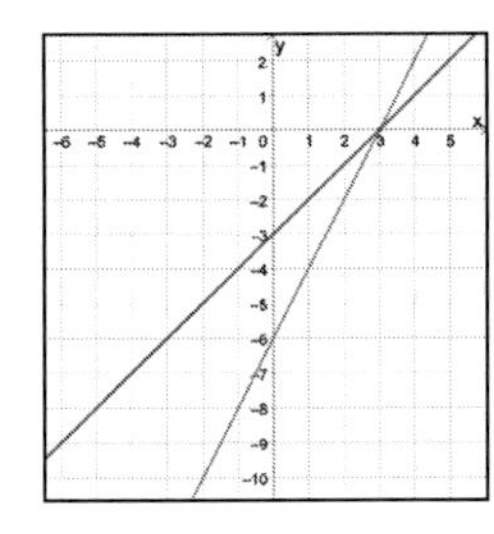

P I: $0 = 3 - 3$
P II: $2 \cdot 3 - 6 = 0$

16.

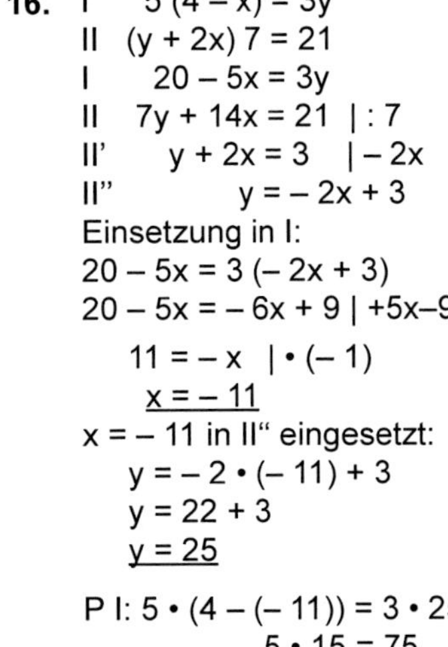

I $5(4 - x) = 3y$
II $(y + 2x) 7 = 21$
I $20 - 5x = 3y$
II $7y + 14x = 21 \quad | : 7$
II' $y + 2x = 3 \quad | - 2x$
II'' $y = - 2x + 3$
Einsetzung in I:
$20 - 5x = 3(- 2x + 3)$
$20 - 5x = - 6x + 9 \quad | +5x-9$
$11 = - x \quad | \cdot (- 1)$
$\underline{x = - 11}$
x = – 11 in II“ eingesetzt:
$y = - 2 \cdot (- 11) + 3$
$y = 22 + 3$
$\underline{y = 25}$

P I: $5 \cdot (4 - (- 11)) = 3 \cdot 25$
$5 \cdot 15 = 75$
P II: $(25 - 22) \cdot 7 = 21$

17:

I $\frac{2}{3}x + \frac{1}{4}y = 10 \quad | \cdot 12$
II $\frac{3}{4}y - \frac{1}{6}x = 4 \quad | \cdot 12$
I' $8x + 3y = 120$
II' $9y - 2x = 48 \quad | \cdot 4$
I' $3y + 8x = 120$
II'' $36y - 8x = 192$
I'+II'' $39y = 312 \quad | : 39$
$\underline{y = 8}$
y = 8 in I‘ eingesetzt:
$8x + 3 \cdot 8 = 120 \quad | - 24$
$8x = 96 \quad | : 8$
$\underline{x = 12}$
P I: $\frac{2}{3} \cdot 12 + \frac{1}{4} \cdot 8 = 10$
$8 + 2 = 10$
P II: $\frac{3}{4} \cdot 8 - \frac{1}{6} \cdot 12 = 4$
$6 - 2 = 4$

18.

I $\frac{20}{x + y} = 5 \quad | \cdot (x + y)$
II $\frac{30}{y - 2x} = 3 \quad | \cdot (y - 2x)$
I $20 = 5(x + y)$
II $30 = 3(y - 2x)$
I $20 = 5x + 5y \quad | \cdot 3$
II $30 = 3y - 6x \quad | \cdot (- 5)$
I' $60 = 15y + 15x$
II' $- 150 = - 15y + 30x$
I'+II' $- 90 = 45x \quad | : 45$
$\underline{x = - 2}$
x = – 2 in I eingesetzt:
$20 = 5 \cdot (- 2) + 5y$
$20 = - 10 + 5y \quad | + 10$
$5y = 30 \quad | : 5$
$\underline{y = 6}$
P I: $\frac{20}{-2 + 6} = 5$
$\frac{20}{4} = 5$
P II: $\frac{30}{6 - 2 \cdot (-2)} = 3$
$\frac{30}{6 + 4} = 3$

19.

I $4x + 21 = - 3y \quad | \cdot 3$
II $x - 4y = 28 \quad | \cdot (- 4)$
I $12x + 63 = - 9y \quad | - 63+9y$
II $- 12x + 16y = - 112$
I' $12x + 9y = - 63$
I'+II $25y = - 175 \quad | : 25$
$\underline{y = - 7}$
y = – 7 in II eingesetzt:
$3x - 4 \cdot (- 7) = 28$
$3x + 28 = 28 \quad | - 28$
$3x = 0$
$\underline{x = 0}$
P I: $4 \cdot 0 + 21 = - 3 \cdot (- 7)$
$21 = 21$
P II: $3 \cdot 0 - 4 \cdot (- 7) = 28$
$28 = 28$

20. x = größere Zahl;
y = kleinere Zahl
I $x - y = 21$
II $\frac{x}{y} = 4 \quad | \cdot y$
II $x = 4y$
Einsetzen in I:
$4y - y = 21$
$3y = 21 \quad | : 3$
$\underline{y = 7}$
y = 7 in I eingesetzt:
$x - 7 = 21 \quad | + 7$
$\underline{x = 28}$

P I: $28 - 7 = 21$
P II: $\frac{28}{7} = 4$

Axel Gutjahr

Mathe lernen ... mit Skat

Kopfrechnen spielerisch üben

NEU ab Nov.

Wichtig ist: Kopfrechnen und Einmaleins ständig zu üben. Das geht beim Skatspielen gerade so wie nebenbei; Spielen motiviert. Darüber hinaus wird auch das Beobachten, Merken der Karten und Kombinieren im Kopf, also auch höhere mathematische Fähigkeiten trainiert. Wer einmal Mathe spielerisch erlebt, der bleibt dabei!

7 8 9 10 11-13

56 Seiten	12 743	ab 13,49 €

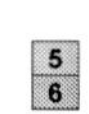

Michael Junga

Kopfrechentraining bis 1000

Die 48 Übungsvorlagen, mit deren Hilfe Kopfrechnen und mathematisches Denk- und Kombinationsvermögen geschult werden. Jede Aufgabe ist mit einem Symbol verbunden, das die Schüler den passenden Lösungen zuordnen können. Mit der integrierten Selbstkontrolle kann anschließend die Richtigkeit selbst überprüft werden.

48 Seiten	11 963	ab 13,49 €

FÖ INK — 5 6

Hans Harjung

Kopfrechentrainer Ideenkiste fürs tägliche Üben

Zahlreiche Rechenkarten zum kleinen/großen Einmaleins bieten mit vielfältigen Rechenspielen und Einsetzungsmöglichkeiten das wichtigste Übungsmaterial. Die angewandten Methoden sind motivationssteigernd. Zusätzlich enthält der Band **weitere Spiele, Tabellenübungen, Brettspielvarianten & Überprüfungsmöglichkeiten.**

160 Seiten	11 082	ab 20,99 €

FÖ — 5 6 7

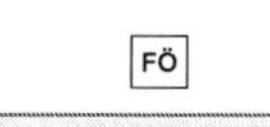

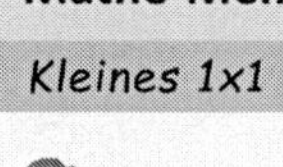

Dipl.-Biol. Stefan Lamm

Mathe-Memo / Kleines 1x1

Spielerisches Kopfrechentraining

TIPP

Spielerisch die Reihen des „kleinen 1x1“ erlernen. Wichtige mathematische Grundlage schaffen

Spielkarten	16 501	12,95 €

FÖ INK

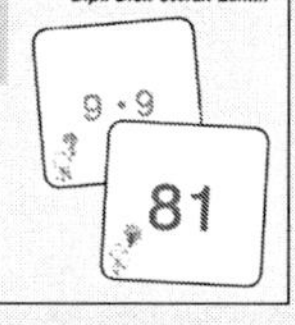

Michael Junga

Effektives 1x1-Training ... mit Rechenmandalas

Die mathematische Denk- & Kombinationsmöglichkeit sowie allgemeines Konzentrationsvermögen werden gefördert. Die Ergebnisse werden aufgeschrieben und mittels grafischem Kontrollsystem auf Fehler überprüft. Dies bietet universelle Einsatzmöglichkeiten als interessante Hausaufgabe. Zeitausgleich für schnellere Kinder beim Stationenlernen oder für den Wochenplan.

40 Seiten	11 395	ab 12,49 €

FÖ — 5 6

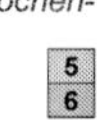
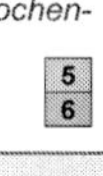

Stefan Lamm

Mein Mathe-Malbuch Brüche kennenlernen

NEU

Die Kinder lernen Bruchteile zu erkennen und benennen. Es sollen Brüche mit passenden Mustern kombiniert werden und schließlich stehen auch erste einfache Rechnungen mit Brüchen zur Verfügung. Ganz nebenbei entstehen kleine Kunstwerke, die den Klassenraum schmücken können und als schöne Erinnerung an die Lernschritte für spätere Zeiten dienen können.

32 Seiten	12 667	ab 11,99 €

FÖ — 5 6

Michael Junga

Räumliches Denktraining

Visuelle Wahrnehmungsschule

Die Übungen stärken das räumliche Denken. Die visuelle Wahrnehmung wird gefördert, die Lage-Raum-Beziehungen gestärkt. Das Material ist übersichtlich und zielorientiert strukturiert. Die vielfältigen Übungen eignen sich für den Einsatz in allen Altersstufen und zur Wiederholung & Förderung.

40 Seiten	11 396	ab 12,49 €

FÖ — 5 6

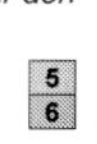

Stefan Lamm

Räumliches Denktraining / Band 2

Entscheidend genutzt wird in diesem Übungsmaterial das Zusammenspiel von Auge und Hand. Dabei kann das Anfassen und Herumdrehen von Objekten eben auch „im Kopf“ passieren. Auf diese Weise wird ein Objekt dreidimensional in der Vorstellung verankert, das Konzept der Oberfläche und das Volumens als solche müssen erst angelegt werden.

56 Seiten	12 513	ab 13,49 €

FÖ — 5 6 7

Dirk Meyer

Grundwissen MATHEMATIK

... kinderleicht erklärt

Zahlreiche Kopiervorlagen zum Grundwissen der jeweiligen Klassenstufe. Die elementaren Grundregeln werden detailliert erklärt. Abwechslungsreiche Übungen zu jedem Sachverhalt motivieren zum weiterarbeiten. Die Arbeitsblätter sind so strukturiert, dass sich die Mathematik kinderleicht erklärt. Übersichtliche und ausführliche Lösungen im DIN-A5-Kartenformat runden das Ganze ab.

FÖ PDF plus

Klasse	Best.-Nr.	
Klasse 5	11 534	
Klasse 6	11 535	
Klasse 7	11 570	
Klasse 8	11 806	
Klasse 9	12 528	je 104 Seiten
Klasse 10	12 529	ab 18,49 €

5 6 7 8 9 10

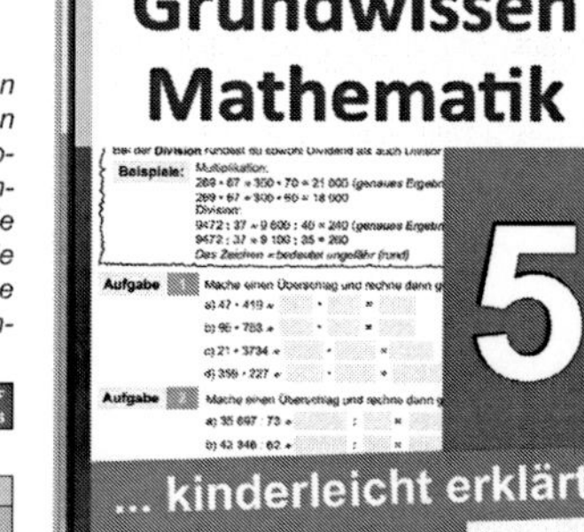

Andrea Schinhärl

Der innovative Dyskalkulietrainer

Schnelle Soforthilfe bei Dyskalkulie

Die Übungen widmen sich den größten Problemfeldern des Rechnens. Ein Abschlusstest reflektiert das Gelernte. Die Kopiervorlagen sind auch zum häuslichen Üben oder für Trainingseinheiten im Regelunterricht geeignet. Der **Band 2** ist die konsequente Fortführung mit vielen neuen praxiserprobten Übungen.

76 S.	Band 1	10 870	ab 14,99 €
80 S.	Band 2	12 313	ab 15,99 €

FÖ INK — 5 6 7 8

Petra Hartmann

Intensivtrainer Rechnen

Dyskalkulie offensiv angehen

NEU

In diesen Trainingsbüchern finden sich viele verschiedene Matheaufgaben für die Klassenstufen 5/6. Die Aufgaben im Zahlenraum bis 1 Mio. und darüber hinaus sind leicht verständlich und können selbstständig erarbeitet werden. Mit Hilfe der Lösungen im Anhang können die Schüler die Aufgaben selbst überprüfen.

144 S.	Klasse 5	12 671	ab 22,49 €
152 S.	Klasse 6	12 672	ab 23,49 €

FÖ — 5 6

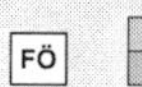

Gisela Ruthenberg

Richtig rechnen Rechenstörungen effektiv behandeln

Die Kopiervorlagen sind in einen vorschulischen und einen schulischen Bereich aufgeteilt. So lassen sich Rechenschwächen früh erkennen und behandeln. Diese Kopiervorlagen sind sinnvolles Ergänzungs- und Übungsmaterial zum Mathematikbuch und können auch als elementare Frühförderung bei Rechenproblemen eingesetzt werden.

92 Seiten	11 188	ab 14,99 €

FÖ INK — 5 6

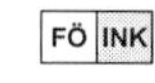
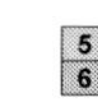

Hans-J. Schmidt

Täglich Mathe üben! Grundlagen für jeden Tag

Grundkenntnisse reghelmäßig zu wiederholen ist wichtig! Der vergessene oder verpasste Stoff ist kompakt und übersichtlich abrufbar. Jeder Flyer behandelt ein Thema kurz & knackig: ***Vorderseite:*** leicht verständliche Erklärungen; ***Innenteil:*** gelöste Beispiele zum Nachvollziehen sowie Aufgaben zum Selberlösen; ***Rückseite:*** Lösungen

88 Seiten	12 553	ab 16,49 €

FÖ — 5 6

Jürgen Tille-Koch

Starter-Kit Mathe – Grundbegriffe

Größen, Grundrechenarten, Zahlenbegriffe, Geometrie

Die wichtigsten Grundbegriffe zu den Größen, Grundrechenarten, Zahlen und zur Geometrie werden wiederholt, zusammengefasst und kurz und anschaulich dargestellt. Einfache Aufgabenstellungen festigen das Grundwissen und wenden es an.

24 Seiten	12 373	ab 10,99 €

5 6 7 8 9 10

Uwe Schwesig

Mathe-Übungen für zwischendurch

Aufgaben kreuz und quer durch die Mathematik

Wichtige mathematische Themen werden in kurzen Tests nach Themen zusammengefasst. Jeder Test enthält 5 Aufgaben mit unterschiedlichen Schwierigkeitsgraden. Das jeweilige Arbeitsblatt kann als Kurztest, zur Stillarbeit oder als Übungsmaterial eingesetzt werden.

48 S.	Klasse 5/6	11 011	ab 11,99 €
48 S.	Klasse 7/8	11 076	ab 11,99 €
68 S.	Klasse 9/10	11 077	ab 13,49 €

5 6 7 8 9 10

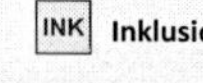

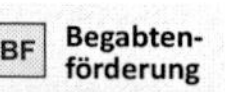

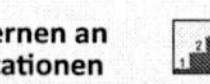
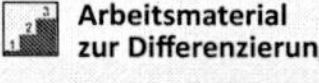

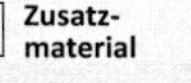
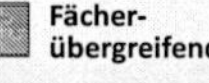

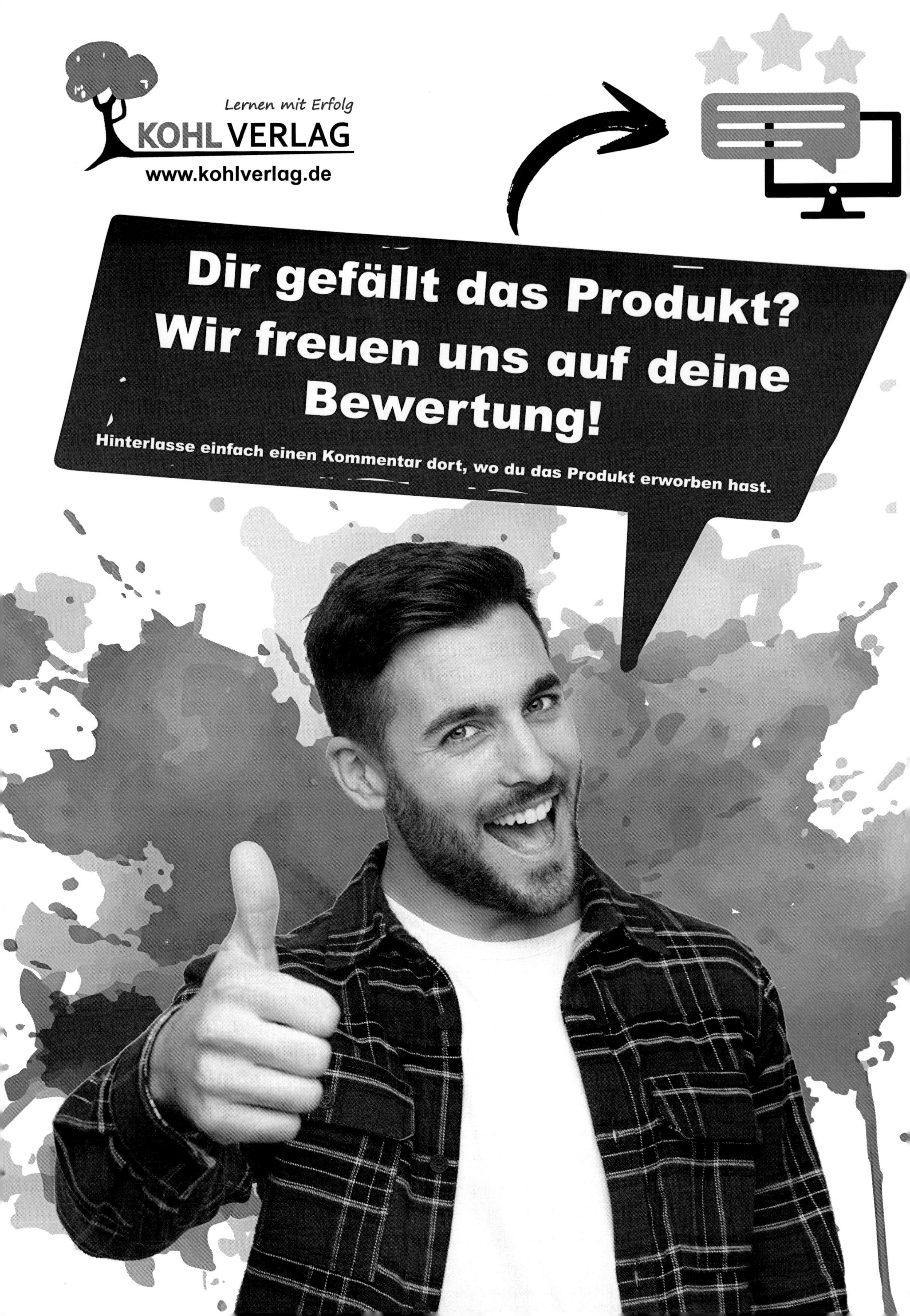

Dir gefällt das Produkt?
Wir freuen uns auf deine Bewertung!

Hinterlasse einfach einen Kommentar dort, wo du das Produkt erworben hast.